U0353610

图解
单张纸胶印设备

陈　虹　赵志强◎编著

文化发展出版社
Cultural Development Press

内容提要

全书以图示为线索、辅以少量文字进行历史与发展、结构与原理、使用与应用的讲解，并以新颖的编排形式展示了单张纸印刷设备的全貌。全书分为四章，分别介绍了单张纸胶印设备发展历程、单张纸胶印设备结构原理、单张纸胶印设备技术发展、单张纸胶印设备生产应用。内容涉及发展历史、主要类型、印刷应用、设备生产；单张纸胶印设备、给纸装置、定位装置、传递装置、印刷装置、给水装置、给墨装置、收纸装置；设计变化、联机加工、自动化与智能化；安装调试、维护保养、使用工具等。

本书与《现代印刷机械原理与设计》《印刷设备概论》共同构成全面反映印刷设备结构原理及使用的系列丛书，旨在为学习者提供入门学习、知识理解和设备使用的有益帮助。

图书在版编目（CIP）数据

图解单张纸胶印设备 / 陈虹，赵志强编著． —— 北京 ：文化发展出版社有限公司，2018.6
ISBN 978-7-5142-2295-1

Ⅰ．①图… Ⅱ．①陈…②赵… Ⅲ．①胶版印刷－平版印刷机－图解 Ⅳ．①TS825-64

中国版本图书馆CIP数据核字(2018)第100098号

图解单张纸胶印设备

编　　著：陈　虹　赵志强

责任编辑：李　毅　　　　　　　责任校对：岳智勇
责任印制：邓辉明　　　　　　　责任设计：侯　铮
出版发行：文化发展出版社（北京市翠微路 2 号　邮编：100036）
网　　址：www.wenhuafazhan.com　　www.printhome.com　　www.keyin.cn
印　　刷：北京建宏印刷有限公司

开　　本：787mm×1092mm　　1/16
字　　数：150千字
印　　张：9.875
印　　次：2019年4月第1版　2019年4月第1次印刷
定　　价：68.00元
ＩＳＢＮ：978-7-5142-2295-1

本书是一本与北京市精品教材《现代印刷机械结构原理》《印刷设备概论》《印刷设备综合训练》配套的系列教材。

单张纸胶印设备是目前应用最广泛的印刷设备类型之一，广泛应用在出版物印刷、包装印刷和商业印刷领域，具备生产厂家众多、设备类型齐全、拥有企业繁多、使用人员广泛等特点，被行业公认为技术先进、速度快捷、操作方便、应用广泛的印刷生产设备，为印刷市场提供了无法计数的质量上乘的印刷产品。

单张纸胶印设备的广泛使用，促进了相关研究和学习的发展需求。一方面，单张纸胶印设备应用广泛，印刷企业需要全面了解印刷设备的原理和使用。另一方面，单张纸胶印设备结构复杂，原理难懂，辅以图示便于理解和掌握。《图解单张纸胶印设备》为全面学习和掌握单张纸胶印设备提供了详尽的资料。

《图解单张纸胶印设备》全书分为四章，分别介绍了单张纸胶印设备发展历程、单张纸胶印设备结构原理、单张纸胶印设备技术发展、单张纸胶印设备生产应用。内容涉及发展历史、主要类型、印刷应用、设备生产；单张纸胶印设备、给纸装置、定位装置、传递装置、印刷装置、给水装置、给墨装置、收纸装置；设计变化、联机加工、自动化与智能化；安装调试、维护保养、使用工具等。

《图解单张纸胶印设备》全书400余幅图片，包括示意图、原理图、机构简图和照片。以图讲解，辅助文字，每一幅图片清晰准确地讲述了单张纸胶印设备的相关内容，在有限的篇幅内勾画出单张纸胶印设备的全貌，形象而生动。

《图解单张纸胶印设备》一改以往专业书籍以文字叙述为主、插图为辅的常见形式，而是以图示为线索、辅以少量文字进行历史与发展、结构与原理、使用与应用的讲解，并以新颖的编排展示单张纸印刷设备的全貌，与《现代印刷机械原理与设计》《印刷设备概论》共同构成全面反映印刷设备结构原理及使用的系列丛书，为学习者提供入门学习、知识理解和设备使用的有益帮助。

本书适合研究、学习和使用单张纸胶印设备的专业技术人员、设备操作人员，高校教师和相关专业学生使用，可以作为研究、设计的参考资料，印刷高等学校的设备教材、印刷企业的培训教材和教学参考书。

全书由北京印刷学院陈虹和赵志强老师编著，在编著过程中参考和引用了相关教材、书籍、资料及网络上的图片资源，在此谨向所有作者表示感谢。由于编者的水平有限，书中难免存在不当之处，敬请广大读者、同行和学生批评指正。

2019 年 2 月于北京

CONTENTS 目 录

第一章 单张纸胶印设备发展历程 ·· 1
　第一节 发展历史 ·· 1
　第二节 主要类型 ·· 9
　第三节 印刷应用 ·· 13
　第四节 设备生产 ·· 15

第二章 单张纸胶印设备结构原理 ·· 19
　第一节 单张纸胶印设备 ·· 19
　第二节 单张纸胶印机给纸装置 ·· 32
　第三节 单张纸胶印机定位装置 ·· 46
　第四节 单张纸胶印机传递装置 ·· 53
　第五节 单张纸胶印机印刷装置 ·· 62
　第六节 单张纸胶印机输水装置 ·· 77
　第七节 单张纸胶印机输墨装置 ·· 85
　第八节 单张纸胶印机收纸装置 ······································ 106

第三章 单张纸胶印设备技术发展 ······································ 124
　第一节 设计变化 ·· 124
　第二节 联机加工 ·· 131
　第三节 自动化与智能化 ·· 138

第四章 单张纸胶印设备生产应用 ······································ 140
　第一节 安装调试 ·· 140
　第二节 维护保养 ·· 144
　第三节 使用工具 ·· 145

第一章　单张纸胶印设备发展历程

第一节　发展历史

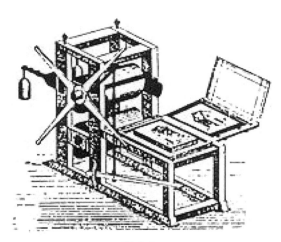

图 1-1

1.1789 年，法国制造了世界上第一台木质石印机。

图 1-2

2.1796 年，德国人 Alors Sene -felder 发明了手动平压平平版印刷机。

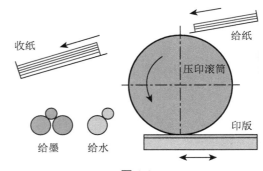

图 1-3

3.1810 年，Friedrich Gottlob Koenig 在英国 London 注册了滚筒式平版印刷机。

图 1-4

4.1815 年，生产出带有急回曲柄装置的自动滚筒式平版印刷机。

图 1-5

5.1871 年，在德国的奥芬巴赫，路易斯·费伯和阿道夫·施莱克尔建立了"平版印刷机制造协会"，成功开发了艾博特平版印刷机。

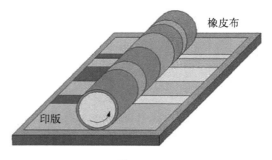

图 1-6

6.1904 年，美国人 Ira W.Rubel 和德国移民 Caspar Hermann 发明了带有橡皮滚筒的间接平版印刷机，被称为胶印机。

图 1-7

7.1907 年，德国生产出"Triumph"单张纸胶印机。

图 1-8

8.1911 年，Faber & Schleicher 制造了第一台 ROLAND 单张胶印机，并在都灵的世界博览会上获得了金奖。

9.1911 年，德国高宝位于法郎肯塔尔（Frankenthal）的阿尔伯特公司开始生产单张纸胶版印刷机。

图 1-9

图 1-10

10.1928 年，日本小森公司成功开发出 32 英寸手动单张纸胶印机。

图 1-11

11.1928 年，德国曼罗兰（奥芬巴赫公司）推出 5 滚筒双色胶印机。

图 1-12

12.1932 年，德国高宝（拉德博伊尔公司）推出世界上第一款四色单张纸胶印机——Planeta Deca。

图 1-13

13.1950 年，德国曼罗兰公司生产出 Ultra 单张纸胶印机，并在 1951 年的首届 Drupa 展览会上展出了 Ultra 机组式四色单张纸胶印机。

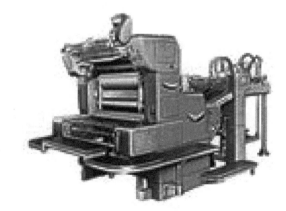

图 1-14

14.1957 年，日本小森公司生产出单张纸胶印机。

图 1-15

15.1962 年，在 Drupa 展会上，海德堡公司推出首台海德堡 KOR 型自动单张纸胶印机，幅面为 40cm×57cm。

图 1-16

16.1972 年，德国曼罗兰生产拥有水墨补偿系统的 R800 单张纸胶印机。

图 1-17

17.1972 年，Drupa 展会上，海德堡 GTO 单色胶印机跻身 A3 幅面市场。

18.1974 年，德国高宝符兹堡（Würzburg）公司开发出当时世界上最快速的印刷机 Rapida SR III印刷机，印刷速度能够达到 15000 张／小时，印刷幅面为 40 英寸。

图 1-18

19.1977 年，第七届 Drupa 展会上，海德堡公司推出了 CPC 计算机控制系统，罗兰推出 ROLAND CCI 计算机控制系统。

图 1-19

20.1986 年，德国高宝在符兹堡科尼希 & 鲍尔公司推出第一台利必达 104 单张纸胶印机。此胶印机采用机组式设计，印刷速度为 15000 张 / 小时。

图 1-20

21.1986 年，德国海德堡推出速霸 CD102，成为满足包装印刷需求的单张纸胶印机。

图 1-21

22.1990 年，在第十届 Drupa 印刷展会上，德国海德堡推出了世界上第一个印刷机全数字化控制系统 CP 窗，同时还推出了 GTO 52 四色、五色带数字控制功能的胶印机型。

图 1-22

23.1990 年，德国罗兰推出中幅面高速单张纸胶印机 ROLAND 700，印刷速度达到 15000 张 / 小时。

图 1-23

24.1997 年，北人公司推出具有国际水准的 BEIREN 104。

图 1-24

25.1997 年，日本小森开发出 40 英寸多色双面胶印机丽色龙 LITHRONE 40SP。

图 1-25

26.1998 年，在 IPEX 98 印刷展上，德国海德堡推出 SM 74DI 直接成像胶印机。

图 1-26

27.2003 年，德国 KBA 公司成功推出了单张纸印刷机系列中的最大幅面印刷设备——利必达 185 和利必达 205。

图 1-27

28.2008 年，德国海德堡推出了全新大幅面单张纸胶印机 SM XL162，印刷幅面达到 120cm×162cm，能够为包装印刷和商业印刷提供高端设备。

图 1-28

图 1-29

29.2014 年，德国罗兰推出配备全新功能的新一代 ROLAND 700 HiPrint 印刷机，具有同步换版、联机冷烫、联机检测、集成喷墨等功能。

第二节 主要类型

1. 按照压印方式分类

• 平台机——平压平

印版和压板均为平面的印刷机。

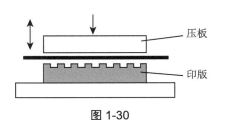

图 1-30

• 平台机——圆压平

印版为平面，压印为滚筒的印刷机。

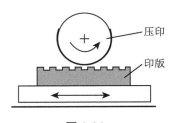

图 1-31

• 轮转机——圆压圆

印版和压印均为滚筒的印刷机，现代印刷机广泛采用。

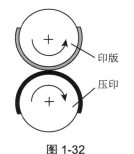

图 1-32

图 1-33

2. 按照纸张幅面分类

• 单张纸

➢ 大幅面印刷

能够印刷全张及以上尺寸纸张的印刷机。

图 1-34

➢ 中幅面印刷

能够印刷对开、四开尺寸纸张的印刷机。

➢ 小幅面印刷

能够印刷六开、八开及以下尺寸纸张的印刷机。

图 1-35

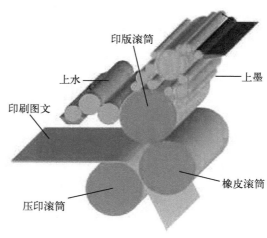

图 1-36

3. 按照印刷面数分类

• 单面印刷

一次走纸只能够完成承印材料一面的单色或多色印刷。

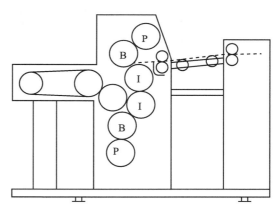

图 1-37

• 双面印刷

一次走纸能够完成承印材料正、反两面的印刷。

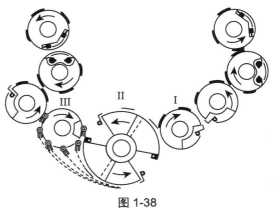

• 可翻面印刷

可进行单面印刷，也可通过翻转机构完成双面印刷。

图 1-38

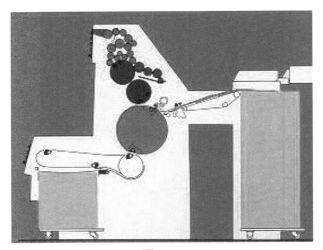

图 1-39

4. 按照印刷色数分类

• 单色印刷

一次走纸能够完成单面最多一色的印刷。

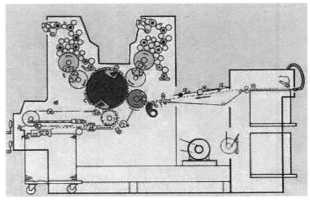

图 1-40

• 双色印刷

一次走纸能够完成单面最多两色的印刷。

图 1-41

• 四色印刷

一次走纸能够完成单面最多四色的印刷。

图 1-42

• 多色印刷

一次走纸能够完成单面四色以上的印刷。

第三节　印刷应用

图 1-43

1. 书籍印刷

可用于教材、小说、手册、读本等书籍印刷品印刷。

图 1-44

2. 刊物印刷

可用于期刊、杂志等刊物印刷品印刷。

图 1-45

3. 纸包装印刷

可用于烟盒、酒盒、手机盒等纸包装印刷品印刷。

图 1-46

4. 金属包装印刷

可用于罐头、饮料、奶粉等金属包装印刷品印刷。

图 1-47

5. 广告印刷

可用于小册子、招贴画、宣传单等广告印刷品印刷。

图 1-48

6. 票据印刷

可用于钞票、邮票、税票、发票等票据印刷品印刷。

7. 证件印刷

可用于各类职业资格证书、职称证书、学位证书、毕业证书等证件类印刷品印刷。

图 1-49

8. 零件印刷

可用于信笺、信封、笔记本、表格、门票等社会零件印刷品印刷。

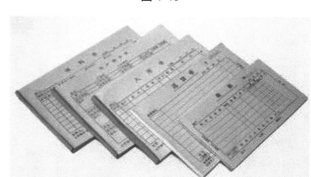

图 1-50

第四节　设备生产

1. 海德堡

德国海德堡印刷机械股份公司集团总部位于德国海德堡市，是国际著名印刷设备制造商。海德堡中国有限公司总部位于北京，并分别在上海、深圳和香港设有代表处，产品从印前、印刷、印后领域一直延伸至软件与服务，是为客户提供印刷一体化解决方案的印刷供应商。

HEIDELBERG
海 德 堡

图 1-51

2. 曼罗兰

曼罗兰公司曾是德国曼集团旗下的印刷设备制造公司，国际著名印刷设备制造商，拥有奥芬巴赫（1871年成立）、麦豪森（1945年成立）单张纸胶印机生产基地。在中国设有香港、深圳、上海和台北分公司，北京、广州和成都办事处。2011年申请破产保护，2012年单张纸印刷工厂由英国工程集团——兰利控股公司执掌。

图 1-52

3. 高宝

高宝公司全称科尼希 & 鲍尔公司，德国印刷设备制造商，国际著名印刷设备制造商，集团总部位于德国符兹堡，拥有单张纸胶印机的生产基地（拉德博伊尔工厂）。高宝公司在中国设有香港、台湾分公司和北京、上海、广州代表处。

图 1-53

4. 小森

小森公司也称小森印刷机械株式会社，日本印刷设备制造商，国际著名印刷设备制造商，公司总部位于日本筑波市。在中国设有香港、台湾和深圳分公司，上海事务所，兆迪公司和亚菲公司两个代理商。主要提供的单张纸胶印设备为四开、对开单张纸胶印机。

图 1-54

5. 利优比新菱

日本利优比株式会社是日本著名印刷机械制造企业，成立于1943年，时称菱备制作所，总部位于日本广岛，是世界著名压铸制品生产厂家。1944年，公司业务从压铸制品生产逐渐扩展到印刷机械、木工电动工具、建筑用品、钓具、高尔夫用产品等。以生产四开以下幅面印刷机为主，2013年收购日本三菱印刷机公司，接管其生产的所有印刷机型，称为利优比新菱印刷机。

图 1-55

6. 北人

北人曾为北京印刷机械总厂，后以北京人民机械厂为主体成立北人集团公司，是大型国有印刷设备制造厂，国内著名印机制造企业。北人集团旗下拥有多色胶印机制造厂、单双色胶印机制造厂。主要提供单张纸单色、双色、双面、四色胶印机，拥有四开、对开和全张系列单张纸胶印设备。

图 1-56

7. 大族冠华

大族冠华全称辽宁大族冠华印刷科技股份有限公司，是由上市公司深圳市大族激光科技股份有限公司与著名的民营企业营口冠华胶印机有限公司共同出资组建的，并于2007年并购了营口三鑫印机有限公司。2011年收购了日本筱原。主要生产六开、四开、对开等单、多色单张纸胶印机。

图 1-57

8. 河南新机

河南新机全称河南新机股份有限公司（原新乡机床厂）以生产各种规格单张纸胶印机著称。主要生产"新机"牌单张纸平版印刷机，产品包括单色、双色、四色平版印刷机；对开、大对开、大全张平版印刷机；单面、双面平版印刷机等。

图 1-58

9. 华光精工

潍坊华光精工设备有限公司是一家有着 50 多年历史的精密机械加工制造企业，2000 年改制为潍坊华光精工设备有限公司。目前是我国短版快速商用印刷设备生产基地之一。生产的主要单张纸胶印设备包括 52 系列单色、双色、多色胶印机，HG-PERFORMER66 多色胶印机，HG58-4 多色胶印机，HG79-4 多色胶印机。

图 1-59

10. 潍坊东航

潍坊东航全称潍坊东航印刷科技股份有限公司（或东航科技）始建于 1996 年，是一家集印刷及印后设备的研制、开发、生产、销售、售后服务于一体的设备生产企业。单张纸胶印设备主要包括六开单色印刷机、六开打码印刷机等。

图 1-60

第一节　单张纸胶印设备

1. 基本组成

单张纸胶印机主要由传动、给纸、定位、递纸、印刷、输墨、润湿（输水）、传纸、收纸几部分组成。

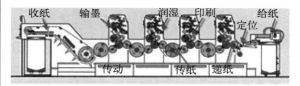

图 2-1

图 2-2

2. 主要作用

（1）传动装置

将电机动力通过各种传动机构传递到各个印刷机组。

图 2-3

（2）给纸装置

完成给纸台上单张纸的连续分离和输送。

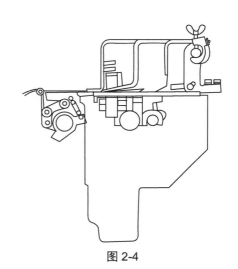

图 2-4

（3）定位装置

对纸张进行位置确定，保证印刷图文在纸张上的位置正确。

（4）递纸装置

将定位后静止的纸张进行加速，在不破坏定位精度的前提下，传递给印刷装置。

图 2-5

图 2-6

（5）印刷装置

印刷装置是印刷机的核心部分，是将印版上图文部分的油墨通过橡皮滚筒转移到压印滚筒所带承印物上的装置。

图 2-7

（6）输墨装置

输墨装置是为印版图文部分提供适量、均匀胶印油墨的装置。

（7）润湿装置

润湿装置是为印版非图文部分提供致密、均匀润版液，以防止非图文部分上墨的装置。

图 2-8

图 2-9

（8）传纸装置

传纸装置是多色印刷机中将纸张从一个机组传递到另一个机组进行印刷的纸张传递装置。

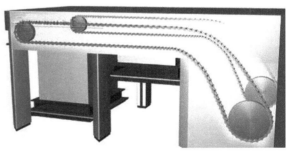

图 2-10

（9）收纸装置

收纸装置将单张纸印刷机完成印刷后的印张从印刷单元传送到收纸台上，并整齐地堆叠成垛的装置。

3. 著名印刷设备

（1）海德堡

• SX102

最大纸张尺寸：720mm×1020mm

最小纸张尺寸：340mm×480mm

纸张厚度：0.03~0.60mm

最高印刷速度：14000sph

给纸台容量：1320mm

收纸台容量：1295mm

图 2-11

• CD102

最大纸张尺寸：720mm×1020mm

最小纸张尺寸：340mm×480mm

纸张厚度：0.03~1.00mm

最高印刷速度：15000sph

给纸台容量：1320mm

收纸台容量：1295mm

图 2-12

• XL106

最大纸张尺寸：750mm×1060mm

最小纸张尺寸：340mm×480mm

纸张厚度：0.03~0.80mm

最高印刷速度：18000sph

给纸台容量：1320mm

收纸台容量：1295mm

图 2-13

• XL162

最大纸张尺寸：1210mm×1620mm

最小纸张尺寸：610mm×860mm

纸张厚度：0.06~1.60mm

最高印刷速度：18000sph

给纸台容量：1550mm

收纸台容量：1550mm

图 2-14

（2）曼罗兰

• R700 HiPrint

最大纸张尺寸：740mm×1040mm

最小纸张尺寸：330mm×480mm

纸张厚度：0.04~1.00mm

最高印刷速度：17200sph

给纸台容量：1320mm

收纸台容量：1295mm

图 2-15

• R700 EVOLUTION

最大纸张尺寸：780mm×1060mm

最小纸张尺寸：330mm×480mm

纸张厚度：0.04~1.00mm

最高印刷速度：18200sph

给纸台容量：1200mm

收纸台容量：1190mm

给纸台容量：1320mm

收纸台容量：1295mm

图 2-16

• R900 XXL

最大纸张尺寸：1300mm×1870mm

最小纸张尺寸：700mm×1150mm

纸张厚度：0.1~0.6mm

最高印刷速度：11000sph

给纸台容量：1320mm

收纸台容量：1295mm

图 2-17

• R900

最大纸张尺寸：940mm×1300mm

最小纸张尺寸：500mm×700mm

纸张厚度：0.1~0.6mm

最高印刷速度：14000sph

给纸台容量：1300mm

收纸台容量：1300mm

图 2-18

• R500

最大纸张尺寸：530mm×740mm

最小纸张尺寸：260mm×400mm

纸张厚度：0.06~0.6mm

最高印刷速度：16000sph

给纸台容量：1050mm

收纸台容量：1080mm

图 2-19

（3）高宝

• KBA RAPIDA105

最大纸张尺寸：720mm×1050mm

最小纸张尺寸：360mm×520mm

纸张厚度：0.06~0.7mm

最高印刷速度：16500sph

给纸台容量：1300mm

收纸台容量：1200mm

图 2-20

• KBA RAPIDA105pro

最大纸张尺寸：740mm×1050mm

最小纸张尺寸：360mm×520mm

纸张厚度：0.06~0.7mm

最高印刷速度：17500sph

给纸台容量：1250mm

收纸台容量：1200mm

图 2-21

• KBA RAPIDA106

最大纸张尺寸：740mm×1060mm

最小纸张尺寸：340mm×480mm

纸张厚度：0.04~0.7mm

最高印刷速度：18000sph

给纸台容量：1250mm

收纸台容量：1200mm

图 2-22

• KBA RAPIDA145

最大纸张尺寸：1060mm×1450mm

最小纸张尺寸：500mm×600mm

纸张厚度：0.1~0.7mm

最高印刷速度：15000sph

给纸台容量：1500mm

收纸台容量：1200mm

图 2-23

• KBA RAPIDA205

最大纸张尺寸：1510mm×2050mm

最小纸张尺寸：900mm×1350mm

纸张厚度：0.1~0.6mm

最高印刷速度：9000sph

给纸台容量：1400mm

收纸台容量：1100mm

图2-24

（4）小森

• LITHRONE GX40

最大纸张尺寸：750mm×1050mm

最小纸张尺寸：360mm×540mm

纸张厚度：0.06~1.0mm

最高印刷速度：18000sph

给纸台容量：1600mm

收纸台容量：1600mm

图2-25

• LITHRONE G40

最大纸张尺寸：720mm×1030mm

最小纸张尺寸：360mm×540mm

纸张厚度：0.04~0.8mm

最高印刷速度：16500sph

给纸台容量：1150mm

收纸台容量：1150mm

图2-26

• LITHRONE S44SP

最大纸张尺寸：820mm×1130mm

最小纸张尺寸：360mm×520mm

纸张厚度：0.04~0.8mm

最高印刷速度：15000sph

给纸台容量：1450mm

收纸台容量：1450mm

图2-27

• LITHRONE S44

最大纸张尺寸：820mm×1130mm

最小纸张尺寸：360mm×520mm

纸张厚度：0.04~0.8mm

最高印刷速度：15000sph

给纸台容量：1250mm

收纸台容量：1250mm

图 2-28

• LITHRONE 20

最大纸张尺寸：360mm×520mm

纸张厚度：0.04~0.8mm

最高印刷速度：15000sph

给纸台容量：800mm

收纸台容量：500mm

图 2-29

（5）利优比新菱

• RMGT 10（AS1050 型）

最大纸张尺寸：750mm×1050mm

最小纸张尺寸：360mm×540mm

纸张厚度：0.04~0.8mm

最高印刷速度：17100sph

图 2-30

• RMGT 920

最大纸张尺寸：640mm×920mm

最小纸张尺寸：290mm×410mm

纸张厚度：0.04~0.6mm

最高印刷速度：16200sph

给纸台容量：1150mm

收纸台容量：1150mm

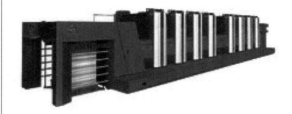

图 2-31

• RMGT 11（TP）

最大纸张尺寸：820mm×1130mm

最小纸张尺寸：460mm×620mm

纸张厚度：0.04~0.6mm

最高印刷速度：13000sph

给纸台容量：1110mm

收纸台容量：1100mm

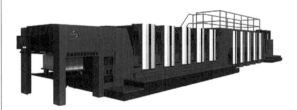

图 2-32

• RMGT 750

最大纸张尺寸：600mm×750mm

最小纸张尺寸：200mm×279mm

纸张厚度：0.04~0.6mm

最高印刷速度：15500sph

给纸台容量：800mm

收纸台容量：925mm

图 2-33

• RMGT 520GX

最大纸张尺寸：375mm×520mm

最小纸张尺寸：105mm×100mm

纸张厚度：0.04~0.6mm

最高印刷速度：15000sph

给纸台容量：700mm

收纸台容量：430mm

图 2-34

（6）北人

• N300

最大纸张尺寸：710mm×1020mm

最小纸张尺寸：360mm×520mm

纸张厚度：0.04~0.6mm

最高印刷速度：15000sph

给纸台容量：1300mm

收纸台容量：1200mm

图 2-35

• PZ1020—01

最大纸张尺寸：720mm×1020mm

最小纸张尺寸：393mm×546mm

纸张厚度：0.04~0.6mm

最高印刷速度：15000sph

给纸台容量：1000mm

收纸台容量：883mm

图 2-36

• PZ4890—01B

最大纸张尺寸：610mm×890mm

最小纸张尺寸：360mm×546mm

纸张厚度：0.04~0.6mm

最高印刷速度：11000sph

给纸台容量：1000mm

收纸台容量：883mm

图 2-37

• J2205

最大纸张尺寸：650mm×920mm

最小纸张尺寸：393mm×546mm

纸张定量：40~350g/m^2

最高印刷速度：10000sph

给纸台容量：1060mm

收纸台容量：910mm

图 2-38

• JS2102

最大纸张尺寸：650mm×920mm

最小纸张尺寸：393mm×546mm

纸张厚度：0.04~0.2mm

最高印刷速度：9000sph

给纸台容量：1300mm

收纸台容量：910mm

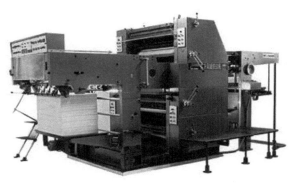

图 2-39

• J2108C

最大纸张尺寸：720mm×1020mm

最小纸张尺寸：360mm×520mm

纸张定量：40~350g/m²

最高印刷速度：10000sph

给纸台容量：1060mm

收纸台容量：910mm

图 2-40

（7）大族冠华

• GH664D

最大纸张尺寸：480mm×660mm

最小纸张尺寸：230mm×305mm

纸张厚度：0.04~0.6mm

最高印刷速度：13000sph

给纸台容量：900mm

收纸台容量：900mm

图 2-41

• GH524

最大纸张尺寸：375mm×520mm

最小纸张尺寸：100mm×148mm

纸张厚度：0.04~0.4mm

最高印刷速度：12000sph

给纸台容量：900mm

收纸台容量：420mm

图 2-42

• GH474D

最大纸张尺寸：330mm×470mm

最小纸张尺寸：150mm×180mm

纸张厚度：0.04~0.4mm

最高印刷速度：11000sph

给纸台容量：550mm

收纸台容量：430mm

图 2-43

（8）筱原

• 106IVH

最大纸张尺寸：750mm×1060mm

最小纸张尺寸：340mm×480mm

纸张厚度：0.06~0.7mm

最高印刷速度：16500sph

给纸台容量：1000mm

收纸台容量：1000mm

图 2-44

• 75IVH

最大纸张尺寸：585mm×750mm

最小纸张尺寸：260mm×400mm

纸张厚度：0.04~0.4mm

最高印刷速度：15500sph

给纸台容量：900mm

收纸台容量：730mm

图 2-45

• 66IVH

最大纸张尺寸：508mm×660mm

最小纸张尺寸：200mm×296mm

纸张厚度：0.04~0.4mm

最高印刷速度：15500sph

给纸台容量：900mm

收纸台容量：730mm

图 2-46

• 56IV

最大纸张尺寸：400mm×560mm

最小纸张尺寸：182mm×257mm

纸张厚度：0.04~0.3mm

最高印刷速度：15000sph

给纸台容量：900mm

收纸台容量：420mm

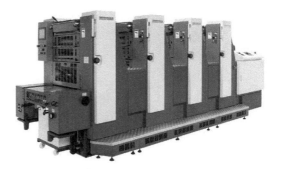

图 2-47

第二节　单张纸胶印机给纸装置

1. 给纸机

单张纸胶印机的给纸是由单张纸给纸机来完成的，也被称为"飞达"。单张纸给纸机通常与印刷机主机相对独立，大多数单张纸给纸机都是通过传动系统与印刷机主机或需要单张纸给纸的印后设备连接，并通过调节装置保证主机与给纸机的同步和传动匹配。

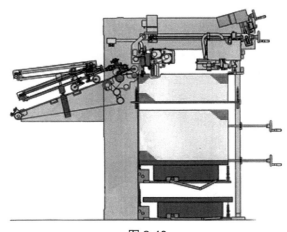

图 2-48

（1）给纸方式

• 摩擦式给纸

摩擦式给纸是依靠摩擦力的作用将纸张由纸堆中分离出来，并输送给主机进行印刷。曾经是小胶印的主要给纸方式之一，目前主要应用于数字印刷机给纸。

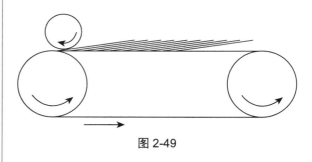

图 2-49

• 气动式给纸

气动式给纸是依靠吹风和吸气装置将纸堆最上面一张纸分离出来，并输送给主机进行印刷的。

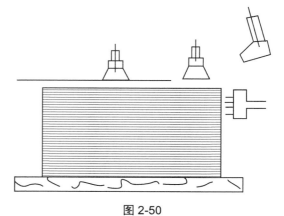

图 2-50

图 2-51

（2）常用给纸机

· 马贝格给纸机

图 2-52

· 海德堡给纸机

· 浙江通业给纸机

图 2-53

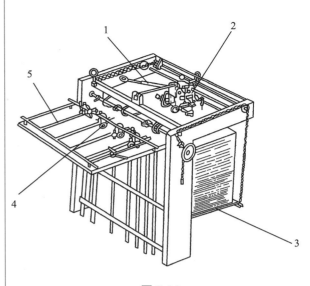

图 2-54

（3）给纸机基本组成

给纸机主要包括：传动 1、纸张分离 2、纸张输送 5、纸张检测 4 及给纸台 3 几个主要部分。

2. 纸张分离装置

（1）基本组成

纸张分离装置主要由固定吹嘴 1、压纸吹嘴（压纸脚）2、稳纸压块 5、分纸吸嘴 6、递纸吸嘴 7 以及挡纸毛刷 3 和 4、挡纸板 8 和 9 组成。

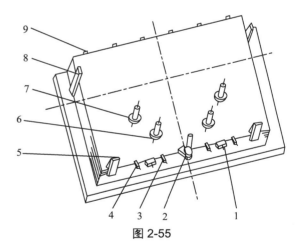

图 2-55

（2）主要作用

• 固定吹嘴

也称松纸吹嘴。它的作用是吹松纸张，使纸堆最上面几张纸吹松至与挡纸毛刷接触。

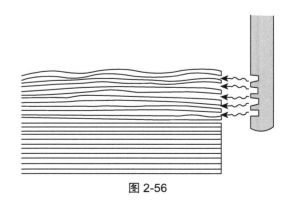

图 2-56

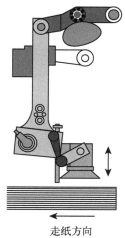

走纸方向

图 2-57

• 分纸吸嘴

分纸吸嘴是将固定吹嘴吹疏松的纸堆最上面一张纸吸住、提起并交给递纸吸嘴的机构。

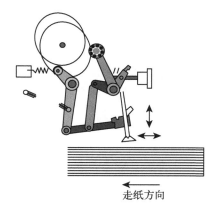

走纸方向

图 2-58

• 递纸吸嘴

也称送纸吸嘴，是将分纸吸嘴已经分离出的纸张吸住并送至纸张输送装置的机构。

• 压纸脚

压纸脚有两个主要作用，一是当分纸吸嘴吸起纸堆最上面的一张纸时，立即向下压住纸堆，以免递纸吸嘴带走下面的纸；二是能够探测纸堆面高度，当纸堆下降后，压纸脚探测机构及时发出信号，使给纸台自动上升，保证纸张分离的连续。压纸脚压住纸堆后吹风，使分纸吸嘴分离出来的纸张完全与纸堆分离，便于输送，也称压纸吹嘴。

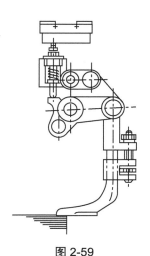

图 2-59

• 挡纸毛刷

挡纸毛刷也可为挡纸片，主要起控制固定吹嘴吹松纸张浮起的高度及防止双张和多张的作用。根据其形状不同，分为斜挡纸毛刷和平挡纸毛刷。

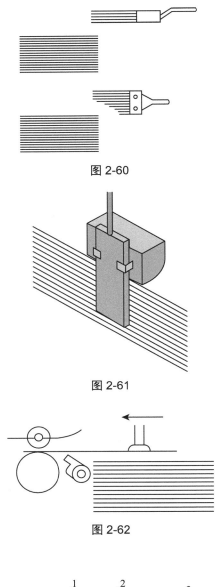

图 2-60

• 稳纸压块

稳纸压块作用主要是保证纸堆前后位置的准确及保证分纸稳定，协助分纸吸嘴及挡纸毛刷稳定地分纸，防止出现双张、多张等故障。

图 2-61

• 前挡纸板

前挡纸板的作用是当固定吹嘴吹松纸堆上面十几张纸时，由它立起挡住被吹松的纸张，以免向前错动，当递纸吸嘴吸纸向前递送时，提前倾倒让纸。

图 2-62

（3）工作原理

• 分纸吸嘴

分纸吸嘴由给纸机驱动轴 I 上的凸轮驱动。当凸轮大面驱动滚子 2 上升时，使摆杆 1 绕轴 O_1 逆时针转动，带动连杆 3 沿滑道上升，此时分纸吸嘴 4 带纸上升。当凸轮小面与滚子 2 接触时，分纸吸嘴下降吸纸。

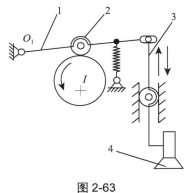

图 2-63

- 递纸吸嘴

递纸吸嘴与分纸吹嘴共用一个传动轴Ⅰ，递纸吸嘴运动源于偏心轴（曲柄）的转动。当偏心轴Ⅰ转动时，通过连杆 2 推动摆杆 3 前后（走纸方向）摆动，带动连杆 4 上的滚子 6 沿导轨 5 前后移动，完成递纸吸嘴的前后递纸。

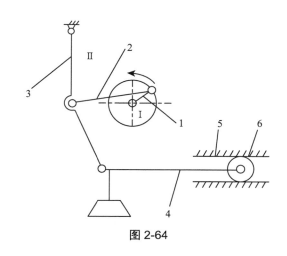

图 2-64

- 压纸脚

当凸轮 2 大面与滚子接触时，摆杆 1 绕飞达驱动轴逆时针摆动，推动连杆 3，摆杆 5 使压纸吹嘴 4 上升，带动摆杆 6 绕轴逆时针摆动，压纸吹嘴离开纸堆开始进行纸张分离。当凸轮 2 小面与滚子接触时，在弹簧作用下，摆杆 1 顺时针摆动，通过连杆 3，带动摆杆 5 及压纸吹嘴 4 下降，压纸脚压在纸堆上，防止纸张输送时带起纸堆上纸张。压纸时，若纸堆高度过低，摆杆 6 及压纸脚 4 均顺时针摆动较大角度，导杆 7 上升，克服弹簧力顶动微动开关 9 的触点 8，将电路接通，发出纸堆上升信号。当纸堆高度满足要求时，压纸脚摆杆 5 顺时针摆动得较少，不能推动导杆 7 上升较大距离，不会使微动开关发出纸台上升信号。

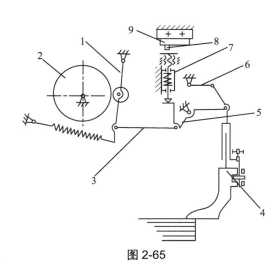

图 2-65

• 前挡纸板

前挡纸板的运动是依靠凸轮、连杆机构完成的，凸轮 1 绕轴转动时，凸轮大面推动滚子带动摆杆 3 绕固定轴顺时针转动，通过连杆 4 带动摆杆 5 绕固定轴顺时针转动，前挡纸板挡纸；在弹簧 2 的作用下，凸轮小面与滚子接触，使摆杆 5 绕固定轴逆时针转动，前挡纸板让纸。

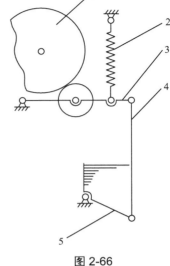

图 2-66

（4）典型分离装置

• 海德堡 SM 系列胶印机给纸机分离装置

图 2-67

• Mabeg 给纸机分离装置

图 2-68

图 2-69

• 浙江通业高速给纸机分离装置

图 2-70

• 高宝高速给纸机分离装置

图 2-71

• 小森高速给纸机分离装置

3. 纸张输送装置

（1）基本组成

输送装置主要包括接纸装置 1 和输送装置 2。

图 2-72

39

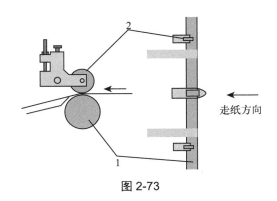

图 2-73

（2）接纸装置

• 主要组成

接纸装置由接纸辊 1 和压纸轮 2 组成。

• 工作原理

递纸吸嘴向前递送纸张时，压纸轮 11 在凸轮 1 控制下抬起，让纸张通过。当凸轮小面与滚子 2 相对时，在拉簧 4 作用下，摆杆 8 带动装有压纸轮 11 的压轮摆杆 7 顺时针摆动，压纸轮压在纸面，纸张在摩擦力作用下向前输送。

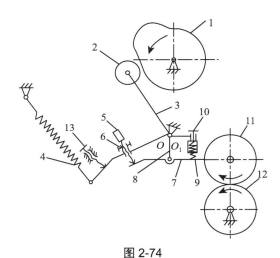

图 2-74

图 2-75

（3）输送装置

• 基本类型——机械式输送装置

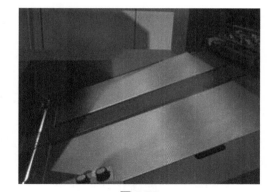

图 2-76

• 基本类型——气动式输送装置

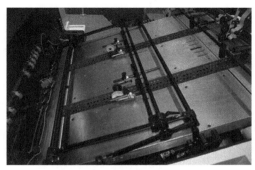

图 2-77

• 基本类型——组合式输送装置

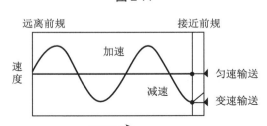

图 2-78

•主要方式——匀速输送与变速
输送

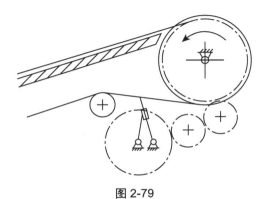

图 2-79

• 工作原理——曲柄摆杆变速
机构

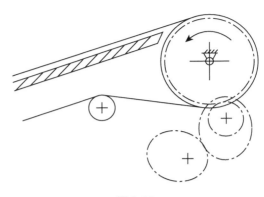

图 2-80

• 工作原理——椭圆齿轮变速机构

4. 纸张检测装置

（1）双滚轮式双（多）张检测原理

正常输纸时，纸张从接纸辊（纸张下面）与检测轮 2 之间通过，检测轮顺时针转动，控制轮 1 与检测轮之间存在一定间隙，控制轮不转动。出现双（多）张时，检测轮抬起，检测轮与控制轮相接触，带动其逆时针旋转。控制轮上的销轴 3 在转动时拨动弹簧杆 4 逆时针转动，控制开关接触，发出双（多）张信号。

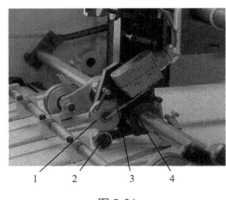

图 2-81

（2）光电式双（多）张检测原理

光源 1 安装在纸张的上方，光电接收元件 2 安装在纸张的下方。当纸张数量发生变化时，光电接收元件接收光强度不同，产生电流大小变化，发出信号。

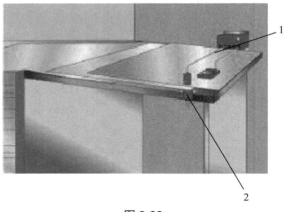

图 2-82

（3）超声波双（多）张检测原理

通过测算从发射器 1 发射声波到接收器 3 接收到回波的时间来判断印刷纸张 2 是否出现双（多）张。检测装置主要包括超声波发射器、超声波接收器和超声波处理器。

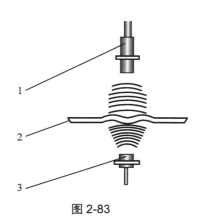

图 2-83

5. 给纸台

（1）给纸台传动

按动给纸台"上升"按钮时，锥形电机 1 转动，通过齿轮传动副 2、蜗轮蜗杆传动副 3、链轮传动副 4，由链条带动给纸台 5 快速上升；按动给纸台"下降"按钮时，由链条带动给纸台快速下降。

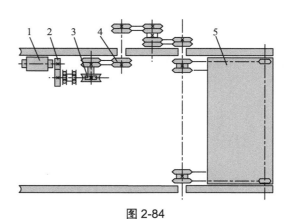

图 2-84

（2）给纸台自锁

电机通过蜗杆传递蜗轮转动，带动链轮、链条使给纸台上升或下降。蜗轮蜗杆具有单向传动特性，不会因给纸台自重使其自动下降。

图 2-85

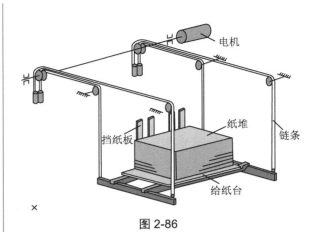

图 2-86

（3）给纸台升降方式

通过控制或检测纸堆高度后控制升降电机，实现给纸台快速升降和自动升降。

（4）给纸台升降限位

• 限位开关

一旦上升纸台触动限位开关1时，给纸台升降电机就会停止转动，从而限制了给纸台纸堆2的上升高度。

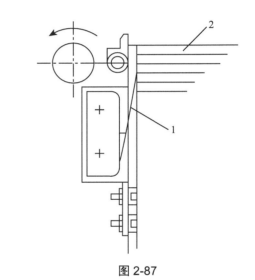

图 2-87

• 气阀限位

纸堆面触及限位触头1时，触头上升，通过限位开关2断开快速上升电路，由快速上升转为自动上升。当纸堆表面超过正常工作的限位高度时，纸堆将使触头再次上移并触动限位开关，电机停止转动，给纸台上升停止。

图 2-88

（5）不停机上纸

• 手动插辊或人工推入托板

当主给纸台上纸张 3 减少需要加纸时，将插辊 2 插入主给纸台 1 的凹槽中，或推入托板，成为副给纸台。主给纸台快速下降完成上纸后，当主给纸台快速上升与插辊（托板）接触停止后，手动拔出插辊或托板，在此过程中印刷机连续工作不必停机。

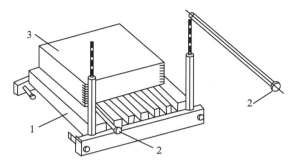

图 2-89

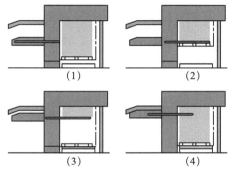

（1）　　　　（2）

（3）　　　　（4）

图 2-90

• 自动不停机上纸

通过按钮控制副给纸板传动机构，伸出后接替主给纸台，可自动上升。主给纸台上纸上升，接纸后副给纸板快速收回。

• 人工预堆纸装置

主给纸台正常工作时，可人工在预堆纸装置上预先堆码纸张。

图 2-91

第三节 单张纸胶印机定位装置

1. 定位装置

（1）作用

也称规矩部件，是将每一张由给纸机传来的纸张在进入印刷机组之前保持同一位置，以确保纸张相对于第一色印版有固定而准确的位置，避免出现定位不准导致的印刷问题。

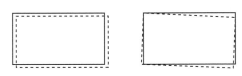

□ 正确的定位
⬚ 不正确的定位

图 2-92

（2）组成

由进行纸张前后位置（纵向）定位的前规和进行纸张左右位置（横向）定位的侧规组成。

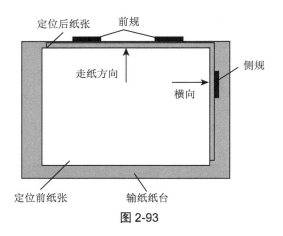

图 2-93

（3）位置要求

纸张 4 在输纸板台 1 上定位时：

定位后纸边至前规 2 中点距离：

$b' = (0.2 \sim 0.25)\, b$

侧规 3 中点至前规定位线距离：

$a' = (0.2 \sim 0.3)\, a$

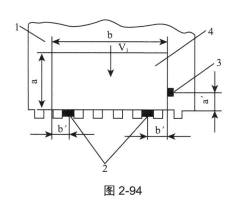

图 2-94

图 2-95

2. 前规

（1）作用

对输纸板台上纸张进行走纸方向（沿滚筒周向）位置的确定。

（2）组成

前规由定位板1和挡纸舌2组成。定位时定位板与纸张前缘接触，确定纸张前口位置，保证进入印刷装置之前每一张纸的纵向位置一致。挡纸舌保证纸张前口的平服，保证递纸牙能够准确地叼取纸张。

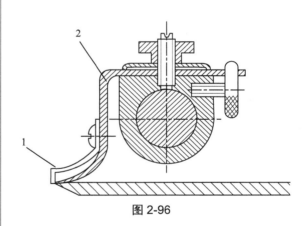

图 2-96

（3）类型与特点

• 组合上摆式

前规定位板1和挡纸舌2安装为一体。前规结构简单，使用方便，但摆回时间受前一张纸纸尾离台时间的影响，在高速、印刷大幅面纸张时前规的稳定时间少，摆回速度快，定位稳定性较差。

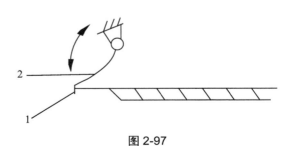

图 2-97

· 组合下摆式

前规定位板2和挡纸舌1安装为一体，前规从前一张纸下面摆回，摆回时间不受纸尾离台时间的影响，前规稳定时间长，定位精度高，且结构简单，是目前高速印刷机广泛使用的方式。

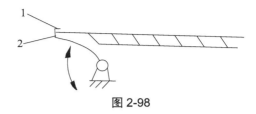

图 2-98

· 复合上摆式

定位板 2 和挡纸舌 1 分别由各自驱动装置驱动，且挡纸舌的摆动轴在输纸板台的上方，而定位板驱动装置则在输纸板台下方。这种前规改进了组合上摆式前规的不足，传动平稳，但要求输纸板上下均有空间，有时不易实现。

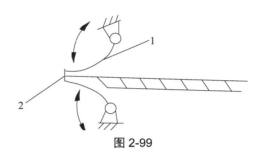

图 2-99

· 复合下摆式

定位板 2 和挡纸舌 1 分别由各自驱动装置驱动，挡纸舌和定位板均在输纸板台下方摆动。这种前规将定位板和挡纸舌分开传动，定位板起缓速和定位两个作用，有利于定位稳定，但挡纸舌摆动角度大，在高速时动力性不好。

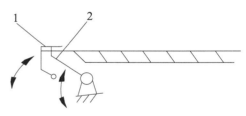

图 2-100

（4）常用机构工作原理

· 组合上摆式前规

前规凸轮转动时，通过滚子（轴承）带动摆杆摆动，带动套筒推动压缩弹簧、调节螺母带动拉杆上、下移动，驱使与其铰接的摆臂绕前规轴摆动。

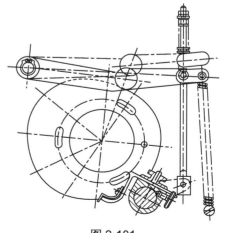

图 2-101

• 组合下摆式前规

当凸轮转动时，推动滚子，带动摆杆摆动，通过连杆绕固定轴转动，使定位板前后摆动，实现定位板在输纸板前的定位运动。

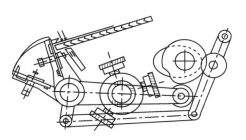

图 2-102

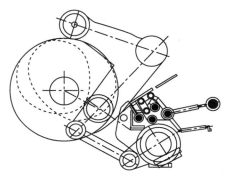

图 2-103

• 共轭凸轮下摆式前规

利用共轭凸轮推动滚子带动摆杆、连杆实现前规离开和摆回输纸板台。

3.侧规

（1）作用

对输纸板台上纸张进行横向（沿滚筒轴向）位置的确定。

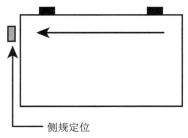

侧规定位

图 2-104

（2）组成

侧规由定位板（定位基准）3、压纸舌（控制纸张平服、保证纸张定位精度）1 和拉纸（或推纸）装置 2、4 组成。

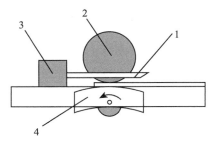

图 2-105

（3）类型及特点

按照侧规对纸张定位的方式可以分为推规和拉规。

• 推规

结构简单，调节方便，但不适用大幅面纸张和薄纸，主要用在低速、小幅面的胶印机或办公设备上。

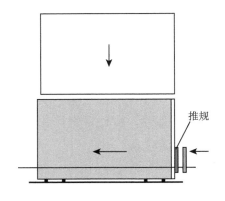

图 2-106

• 拉规

拉规结构较为复杂，但拉纸平稳、定位精度高，适合各种不同幅面和规格的纸张和高速印刷机。

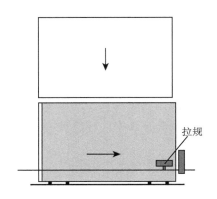

图 2-107

（4）常用机构工作原理

• 滚轮式侧拉规

圆柱齿轮传动圆锥齿轮使拉纸滚轮做连续匀速旋转运动。端面圆柱凸轮驱动滚子及摆杆，带动压纸滚轮、压纸舌和定位板上下摆动。侧规定位时，压纸滚轮下摆，将纸张紧压在连续旋转的拉纸滚轮上，依靠摩擦力的作用，将纸张拉到侧规定位板处进行定位。

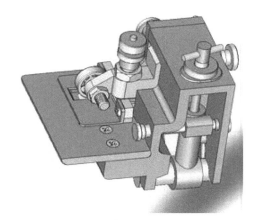

图 2-108

• 拉板（条）式侧拉规

凸轮旋转，推动滚子使摆杆摆动，通过摆杆上的拨块拨动托板左右移动。压纸轮在凸轮、滚子、摆杆的作用下摆动。当纸张前规定位完成后，压纸轮将纸张压在托板上，随托板横向移动，完成拉纸动作。

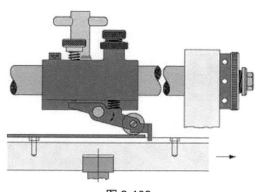

图 2-109

• 气动式侧拉规

凸轮轴带动圆柱凸轮旋转，经滚子、摆杆推动吸气托板左右移动，将在前规处完成定位的纸张拉向定位挡板。

图 2-110

4. 空（歪）张检测装置

（1）作用

在纸张传递到印刷滚筒之前对纸张出现的早到、晚到、空张、歪斜、折角和破损等故障进行检测。

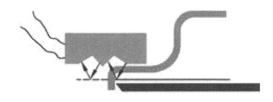

图 2-111

图 2-112

（2）检测方式

• 光电式

在纸张停靠在前规位置时，利用光电检测装置检测是否出现空张、歪张、早到、晚到等输纸故障。

• 光栅式

输纸板 1 的前端安装有光栅式空张检测器 4。检测器的上面有控制纸张 2 晚到和早到的反射光栅 5 和 6，这种反射光栅采用砷化镓二极管作为发射器，并用高频脉冲控制。图中 3 为前规。

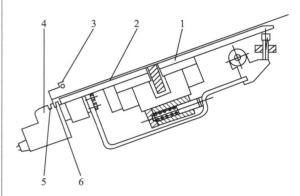

图 2-113

• 电触头式

前规定位板底面装有一弹簧片，在输纸板的相应位置装有金属触点，弹簧片接地，触点接触控制电路电源，并连接于控制电路中。根据检测时弹簧片与触点的接触情况判断输纸是否正常。

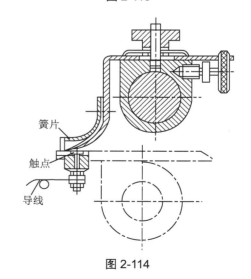

图 2-114

第四节 单张纸胶印机传递装置

1. 纸张传递装置

传递装置包括递纸装置和传纸装置。

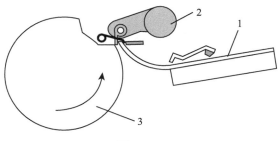

图 2-115

• 递纸装置

从输纸板台将纸张 1 传递到前传纸滚筒或压印滚筒 3 上的递纸装置 2。

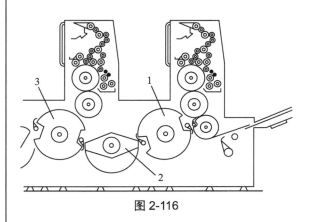

图 2-116

• 传纸装置

将纸张从一个机组 1 传递到另外一个机组 3 之间的传纸装置 2。

2. 递纸装置

（1）类型及特点

• 超越续纸

纸张 1 在输纸板前经过前规 2 预定位及侧规定位后，通过加速机构 3 使纸张加速到略大于压印滚筒 4 表面的线速度，将纸张牢靠地推到压印滚筒叼牙的定位板 6 上进行二次定位，并由压印滚筒叼牙 5 直接带纸印刷。超越续纸最终的定位放在压印滚筒上，不会破坏定位精度，压印滚筒连续回转运转平稳，曾经应用在单张纸胶印机上，目前广泛应用在各印钞厂的印钞机上。

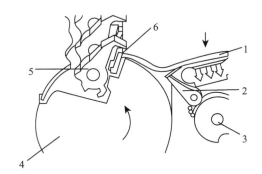

图 2-117

• 间接递纸

由专门的递纸装置将在输纸台上已被定位的纸张递给压印滚筒进行印刷。间接递纸的递纸装置是一个加速机构，因此也称之为加速装置或递纸牙。

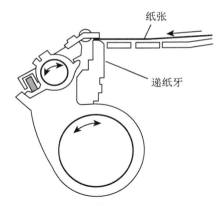

图 2-118

• 间接递纸——上摆定心摆动式

摆动递纸牙绕固定中心摆动。结构简单，方便调整，但递纸牙摆回时会与正常旋转的压印滚筒表面相碰，递纸牙只能在与压印滚筒空挡相对时才能摆回，摆回时间较短，不利于递纸牙的稳定。

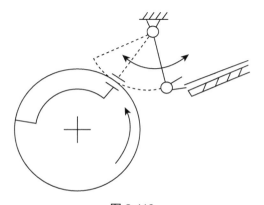

图 2-119

• 间接递纸——偏心转动式

摆动轴为一偏心轴。递纸牙排不仅摆动递纸，而且绕偏心轴转动，使递纸牙排在回程时抬高，不与压印滚筒碰撞。递纸装置的摆回时间不受滚筒空挡影响，保证了递纸装置的平稳性，但摆动牙排惯性大，机构复杂，设计、制造有一定难度。

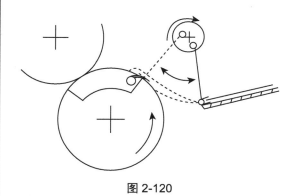

图 2-120

• 间接递纸——偏心摆动式

偏心轴的运动为间歇摆动，在递纸牙排摆回取纸时摆动，递纸牙排摆回的运动轨迹位置抬高。摆回时间不受滚筒空挡的影响，提高了递纸装置的平稳性，但机构较复杂，高速时冲击较大。

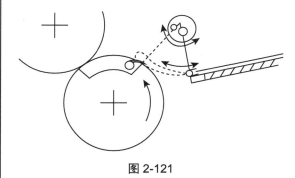

图 2-121

• 间接递纸——连续旋转式

旋转递纸滚筒与压印滚筒大小相等、转速相反。当递纸牙排与压印滚筒交接纸张时，递纸牙相对递纸滚筒静止，与压印滚筒进行等速交接，随后递纸牙提前摆离递纸滚筒，在输纸板台前反向摆回取纸，取纸时递纸牙静止。递纸牙排摆臂减小，运动平稳性提高，但机构较为复杂。

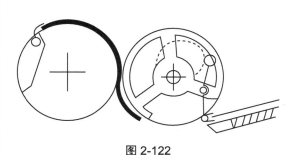

图 2-122

• 间接递纸——间歇旋转式

压印滚筒齿轮带动传纸滚筒转动，传纸滚筒带动连续回转盘转动，连续回转盘上装有三个拨销，在旋转时拨销不断进入和退出槽轮转盘的槽内，从而拨动槽轮转过一个角度，槽轮轴端齿轮带动递纸滚筒转动。递纸滚筒上装有两排叼纸牙排，从输纸板上叼纸，经传纸滚筒交给压印滚筒，完成一次纸张的传递。该机构完全去掉了摆动运动，使递纸运动平稳，有利于提高印刷速度和套印精度，但是槽轮机构工作时有冲击，且机构复杂。

图 2-123

• 间接递纸——下摆定心摆动式

摆动轴位于输纸板台下方，递纸牙绕固定中心摆动。递纸牙将纸张交给前传纸滚筒。机构简单，方便调整，前传纸滚筒结构与形状适合递纸牙提前返回，运动平稳性提高，广泛使用在高速单张纸平版印刷机上。

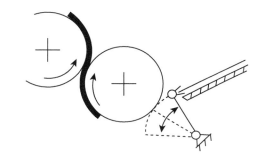

图 2-124

（2）常用机构工作原理

• 偏心转动递纸机构

凸轮 1 旋转，通过滚子带动摆杆 2、连杆 3，带动递纸牙摆动轴 4 上的叼纸牙排 6 往复摆动传递纸张，其运动轨迹为"水滴"状封闭曲线。力封闭弹簧 7 挂在活动销轴上，由一套跟踪凸轮——摆杆机构驱动，使弹簧在递纸牙运动过程始终保持一定的拉伸长度和一定的拉力，称为递纸牙的恒力机构。偏心轴 5 使递纸牙交接纸张后的回程曲线抬高。

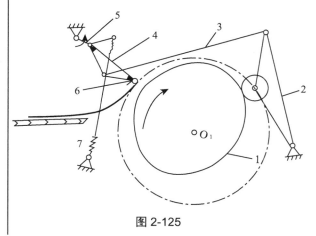

图 2-125

• 偏心摆动式递纸机构

压印滚筒轴端凸轮 2 转动时驱动滚子 4，使摆杆 3 摆动，带动连杆 7 和摆杆 11，递纸牙 13 完成从输纸板前取纸和向压印滚筒递纸的过程。完成递纸后，凸轮 1 大面推动滚子 15 和推杆 14，推动摆杆 5 带动扇形齿轮 8 绕固定轴顺时针转动，通过与之啮合的扇形齿轮 9 带动摆杆 10 绕固定轴逆时针转动，使与偏心轴相连的递纸牙向上抬起。6 和 12 为封闭弹簧。

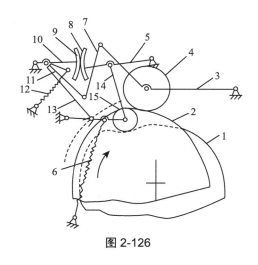

图 2-126

• 连续旋转式递纸机构

递纸装置递纸滚筒 3 与压印滚筒 1 传动齿轮啮合，递纸滚筒与压印滚筒直径相等，转速大小相等而方向相反。递纸滚筒与压印滚筒在等速交接纸张 2 后，递纸滚筒旋转，并带动递纸牙排 5 摆动的滚子 7 向凸轮 3 曲面高点运动，使递纸牙排 5 绕固定轴沿着递纸滚筒旋转方向摆动。递纸牙排在凸轮曲面高点的作用下，超过输纸板台 4 上的取纸位置，随后滚子 7 沿凸轮 6 的曲面大面向小面移动，递纸牙排以与递纸滚筒相反的旋转方向摆向输纸板，递纸牙排在静止时在输纸板台前取纸。

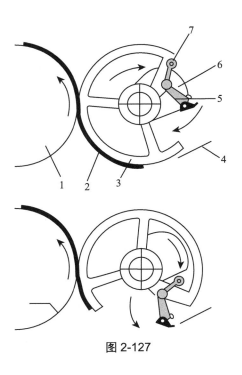

图 2-127

• 定心下摆递纸机构

采用一对共轭凸轮，凸轮 1 为递纸凸轮，凸轮 2 为复位凸轮。凸轮 1 转动时推动滚子 9 带动摆杆 5 绕固定轴 O_1 摆动，并通过连杆 8 带动摆杆 7 绕 O_2 轴转动，而摆杆 7 又和递纸牙轴 6 固联在一起，因而递纸牙轴也随摆杆 7 一起转动，完成从输纸板台上叼纸，加速后递送给前传纸滚筒叼牙的递纸过程。递纸牙返回输纸板台取纸过程依靠复位凸轮 2，通过摆杆 3，连接弹簧 4 和摆杆 5 逆时针摆动。

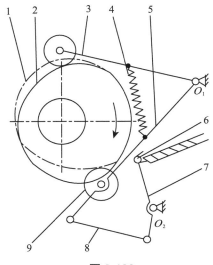

图 2-128

3. 传纸装置

（1）前传纸

前传纸滚筒 1 是用来完成从递纸装置向第一印刷机组传递纸张的滚筒。由于没有印刷功能，为了满足下摆定心摆动递纸牙 2 的返回需求，前传纸滚筒既可以做成非实体滚筒，也可以做成非圆柱滚筒。

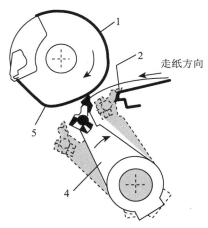

图 2-129

（2）机组间传纸

① 链条传纸

通过链条上的叼牙与压印滚筒叼牙交接纸张，将一个机组上的印张传递到另一个机组上。链条传递纸张精度较低，有冲击振动，现在已较少使用。

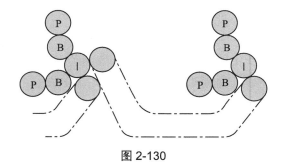

图 2-130

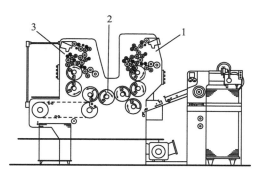

图 2-131

②单面印刷传纸——单传纸滚筒

• 单倍径传纸滚筒

一个单倍径传纸滚筒 2 将纸张从机组 1 传至机组 3。

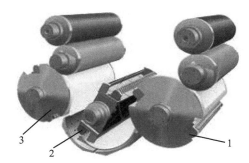

图 2-132

• 双倍径传纸滚筒

一个双倍径传纸滚筒（传纸器）2 将纸张从机组 1 传至机组 3。

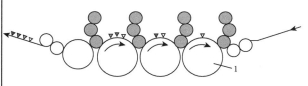

图 2-133

• 三倍径传纸滚筒

一个三倍径传纸滚筒 1 将纸张从一个机组传至另一个机组。

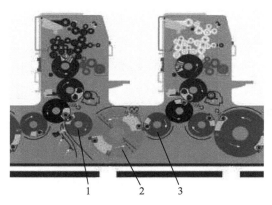

③单面印刷传纸——三传纸滚筒

采用两个单倍径传纸滚筒 1、3 和一个双倍径传纸滚筒 2 在机组间传递纸张。

图 2-134

59

④双面印刷传纸——翻转传纸

• 一个翻转滚筒的翻转传纸

进行反面印刷时，正面印刷叼牙2不工作，反面印刷叼牙6叼纸。叼牙6叼住压印滚筒1传递纸张的纸尾，随后翻转传纸滚筒4将纸张翻面后传递到下一机组的压印滚筒3上，传递中吸气系统5辅助叼牙控制纸张尾端。

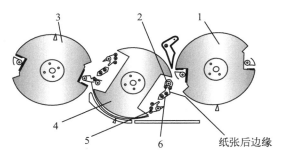

图 2-135

• 三个翻转滚筒的翻转传纸

进行反面印刷时，传纸滚筒Ⅲ上的翻转叼牙2转变成叼取传纸滚筒Ⅱ传递纸张1的纸尾，并将翻转后的纸张交接给下一印刷机组的压印滚筒叼牙，随后叼牙2自身翻转，为下一次叼纸做好准备。

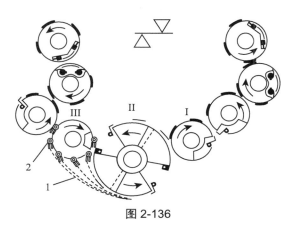

图 2-136

⑤双面印刷传纸——无须翻转传纸

• 串列式

完成反面印刷后，经传纸滚筒1、2将纸张传递到正面印刷机组完成正面各色印刷。

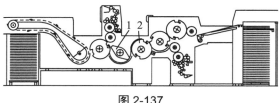

图 2-137

• 交错式

正面印刷机组1、3和反面印刷机组2交替排列，通过交错式传纸，使纸张进行交错正反面印刷。

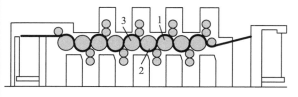

图 2-138

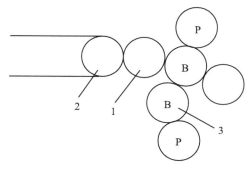

图 2-139

（3）后传纸

最后一个印刷机组 3 和收纸装置 2 之间的传纸滚筒 1。

4. 传纸滚筒类型

（1）压印滚筒式传纸滚筒

传纸滚筒 1、2 的结构类似压印滚筒，具有实体表面并带有传纸牙排。为了防止粘脏，传纸滚筒表面进行特殊处理（如喷涂特氟龙涂层）或增加防蹭脏装置（防蹭脏布）。

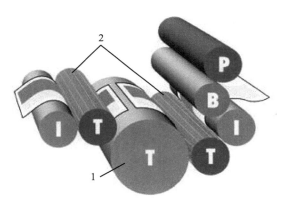

图 2-140

（2）"一字"传纸器

"一字"型摆臂两端装有两排叼牙 1、2，转动时，牙排走过的圆弧面相当于传纸滚筒的直径表面。为了在传纸过程中支撑印张表面而又不发生蹭脏，通常配有气垫护板。

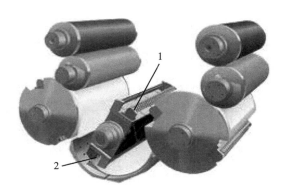

图 2-141

第五节　单张纸胶印机印刷装置

1. 印刷装置

印刷装置是印刷机的核心，由传动部件、滚筒部件、离合压部件、调压部件、套准部件等组成。

图 2-142

2. 传动部件

（1）传动齿轮

印刷滚筒的转动是由印刷滚筒轴端的斜齿轮来传动的。高精度的斜齿轮保证了滚筒运转的动力需要和传动的平稳性。

图 2-143

图 2-144

（2）滚筒支撑轴承

印刷滚筒轴承能够减小摩擦，保证印刷滚筒高速转动；采用偏心轴承，保证印刷滚筒连续转动的同时可以改变滚筒中心距；使用组合轴承不仅提高了承载力，而且缓解滚筒中心位置变化产生的冲击力。

图 2-145

3. 印刷滚筒

（1）滚筒类型

• 印版滚筒

装载印版，图文载体滚筒，用 P 表示。

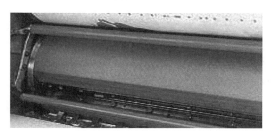

图 2-146

• 橡皮滚筒

包覆中间转移橡皮布，间接转移图文的滚筒，用 B 表示。

• 压印滚筒

安装叼牙，带纸印刷的滚筒，用 I 表示。

图 2-147

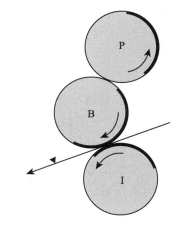

图 2-148

（2）滚筒排列

• 三滚筒印刷机组

由一个印版滚筒、一个橡皮滚筒和一个压印滚筒组成，能够进行单面单色印刷。

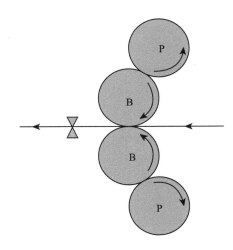

图 2-149

• 四滚筒印刷机组

由两个印版滚筒、两个橡皮滚筒组成，能够进行双面单色印刷，也称BB印刷机组。

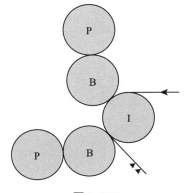

图 2-150

• 五滚筒印刷机组

由两个印版滚筒、两个橡皮滚筒、一个压印滚筒组成，能够进行单面双色印刷，也称半卫星型印刷机组。

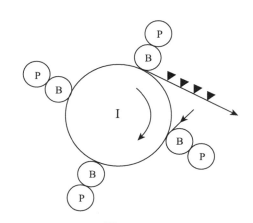

图 2-151

• 多滚筒印刷机组

由多个印版滚筒、多个橡皮滚筒、一个压印滚筒组成，能够进行单面多色印刷，也称 CI 卫星型印刷机组。

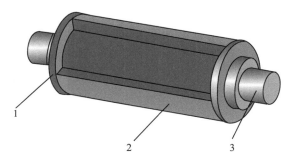

图 2-152

（3）滚筒结构

印刷滚筒由轴颈 3、滚筒体 2 和滚枕 1 组成。

• 轴颈

通过轴承支撑印刷滚筒，保证印刷滚筒平稳运转。

图 2-153

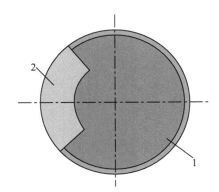

图 2-154

• 滚筒体

即滚筒筒身。进行接触印刷的部位，圆周方向分为印刷区域 1 和空挡区域 2。印刷区域在印刷压力下，转移图文，滚筒空挡中安装各种装置。

图 2-155

• 滚枕

又称肩铁。印刷滚筒体两端的圆盘状部位。按照相邻滚筒滚枕接触状况分为走滚枕和不走滚枕方式。

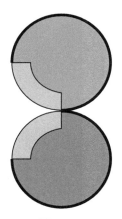

图 2-156

• 走滚枕

印刷过程中，滚筒滚枕彼此接触，滚枕作为印刷基准。

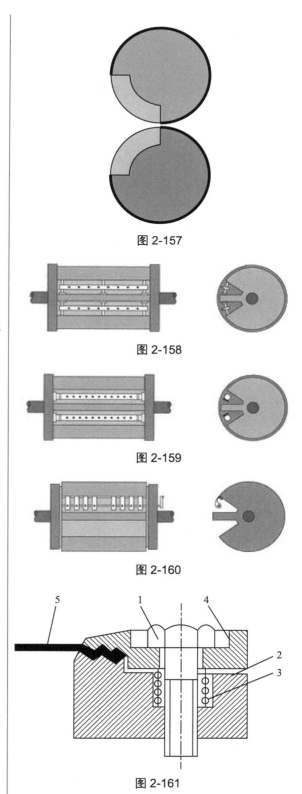

· 不走滚枕

印刷过程中，滚枕彼此不接触，滚枕作为安装和调试的基准。

图 2-157

（4）滚筒特点

· 印版滚筒

主要包括印版的装卡装置和印版位置的调整装置。

图 2-158

· 橡皮滚筒

主要包括橡皮布装卡装置和橡皮布张紧力调整装置。

图 2-159

· 压印滚筒

主要包括叼纸牙装置、开闭牙装置和叼牙压力调节装置。

图 2-160

（5）典型机构工作原理

· 普通上版

安装印版时，松开上、下版夹 4 和 2 的紧固螺钉 1，将印版安装在上下版夹之间，随后将螺钉拧紧即可将印版夹紧。卸版时，拧松螺钉 1，压簧 3 将上版夹 4 顶起，即可将印版取出。

图 2-161

• 快速上版

上下版夹 3、5 是由螺钉 2 连接的，印版 4 夹在上版夹和下版夹之间。当用拨辊转动偏心轴 1 时，偏心轴顶起或在弹簧 6 作用下落下上版夹尾部，上版夹前端钳口部分即与下版夹一起将印版夹紧或放松。

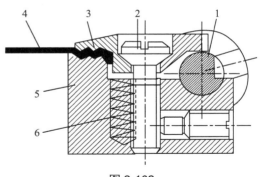

图 2-162

• 自动上版

装版盒 1 中放入待装印版 5，自动上版时印版滚筒 4 转至装版位置，版夹打开，印版版头进入版夹并夹紧，滚筒转动，在导向辊 2 和导轨 3 的辅助下，印版包紧在印版滚筒上，当拖梢转至版尾版夹位置时，将其压入版夹，随后夹紧并拉平印版。

图 2-163

• 橡皮布装卡

安装橡皮布时，推开卡板 3 使金属版夹 2 嵌入轴 1 的凹槽中，卡板在压簧 4 的作用下，自动钩住金属版夹。

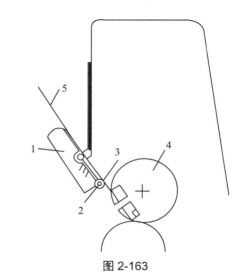

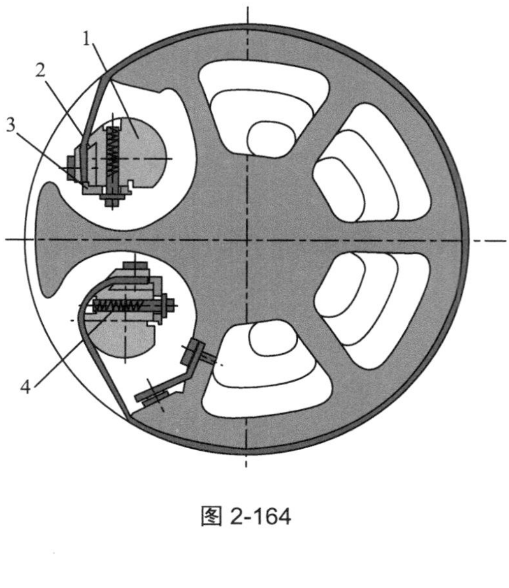

图 2-164

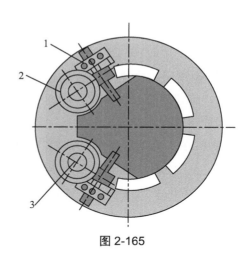

图 2-165

• 橡皮布的张紧

张紧轴 3 上装有蜗轮 2，与蜗杆 1 相啮合。转动蜗杆 1，通过蜗轮带动橡皮布卷紧轴转动，张紧或松开橡皮布。

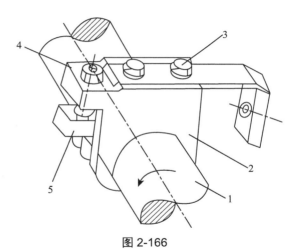

图 2-166

• 压印滚筒叼牙开闭

叼牙轴 1 逆时针旋转，带动卡箍 2 逆时针转动，卡箍凸起顶动调节螺钉 3，抬起牙体 4，压印滚筒叼牙开牙。压印滚筒叼牙闭合通过撑簧 5 来完成。

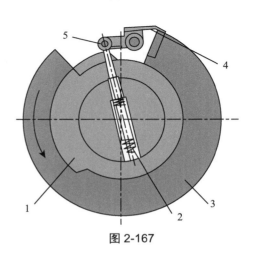

图 2-167

• 高点闭牙

压印滚筒 3 叼纸牙轴端滚子 5 与开牙凸轮 1 的接触点从低点转动到高点，克服叼纸牙轴撑簧 2 的压力，叼牙 4 闭合。驱动叼纸牙轴转动的滚子与凸轮高点部分接触时，叼纸牙闭合叼住纸张。

4. 印刷滚筒离合压

（1）印刷滚筒工作状态

• 印刷滚筒离压

印刷机在不需要或不能够进行印刷时，如处于停机、机器调整或出现工艺、机械或人身安全等故障时，印刷滚筒间需处于无压状态，即印刷滚筒离压。

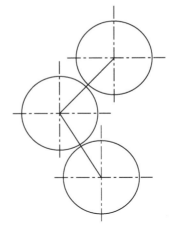

图 2-168

• 印刷滚筒合压

正常印刷时，纸张进入印刷装置，印刷滚筒中心距减小，滚筒之间处于有压状态，即印刷滚筒合压。

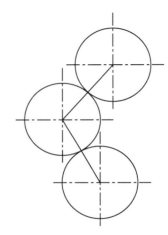

图 2-169

（2）离合压原理

• 偏心轴承离合压

印刷滚筒 O_b 通过偏心轴承安装在墙板上，转动偏心轴承，使印刷滚筒轴绕墙板孔中心 O_1 旋转，改变与相邻滚筒 O_p、O_i 之间的滚筒中心距，实现印刷滚筒间的离合。

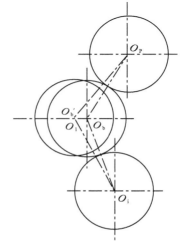

图 2-170

• 三点悬浮离合压

印刷滚筒轴 5 安装在曲线套 4 中，曲线套由三个滚子（轴承）支撑，滚子 1 和 2 为偏心轴承，但固定支撑，滚子 3 由弹簧柔性固定。当旋转曲线套低凹部分与滚子 1、2 接触时，则滚子 3 由弹簧推动远离相邻滚筒，滚筒间中心距变大，滚筒离压。当曲线套外圆与滚子 1、2 接触时，支撑滚子 3 的弹簧压缩，滚筒靠近相邻滚筒，滚筒间中心距变小，滚筒合压。

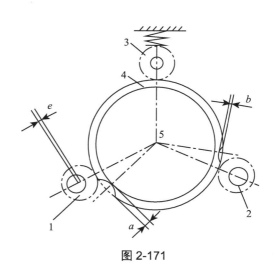

图 2-171

（3）离合压机构工作原理

• 机械传动离合压

压印滚筒轴端装有离、合压凸轮 2 和 1。合压时，控制电路接通，电磁铁 6 通电，铁芯顶出推动双头推爪 11 绕支点顺时针转动，推爪 11 摆向合压摆动撑牙 9，当合压凸轮 1 推动滚子 3 及撑牙 9 逆时针摆动时，撑牙 9 推动双头推爪 11，使摆杆 8 逆时针转过，经连杆 5 带动偏心轴承 4 及橡皮滚筒转至合压位置。离压时，控制电路断电，电磁铁 6 断电使双头推爪 11 在拉簧 10 的作用下逆时针摆动，推爪 11 下端与撑牙 12 配合，离压凸轮 2 推动滚子 13 时，离压撑牙 12 推动双头推爪 11，使摆杆 8 顺时针摆动，经连杆 5 带动偏心轴承 4 及橡皮滚筒转至离压位置。

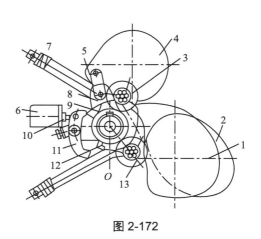

图 2-172

71

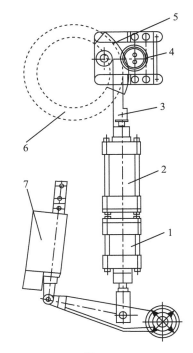

图 2-173

• 气动传动离合压

汽缸 1 或 2 动作时，带动齿条 3 上下运动，齿条通过与之啮合的小齿轮 4 转动齿轮轴。齿轮轴上的固定齿轮与橡皮滚筒偏心套上的齿块 5 啮合，带动橡皮滚筒轴端的离合压偏心轴承转动，实现印刷滚筒的离合压。

5. 印刷压力调节

（1）滚筒间的印刷压力

印刷压力表现在印刷滚筒包衬的变形上，当印刷滚筒间存在压力时，滚筒包衬就会产生变形，即相互滚压的两滚筒中心距小于两滚筒半径之和。

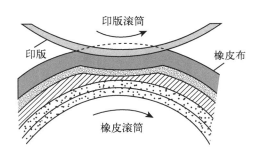

图 2-174

（2）印刷压力的分布

• 接触区宽度上

在滚筒的接触区宽度上，进入和将要离开的接触区边缘滚筒变形为零，印刷压力也为零。接触区宽度中点滚筒变形最大，印刷压力也最大。在静态条件下，接触区宽度上的印刷压力分布曲线趋向于正态分布。接触区宽度中点的压力为 P_0。

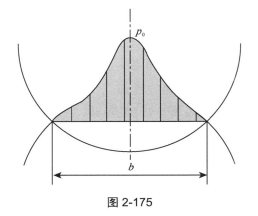

图 2-175

• 接触区长度上

印刷滚筒在压力作用下产生挠曲，使得靠近滚筒两边支承部位，弯曲变形受到约束，滚筒自身变形量小，包衬变形量大，印刷压力大，用 P_{0max} 表示。中间部位远离支承，滚筒自身变形量大，包衬变形减小，印刷压力变小用 P_{0min} 表示。

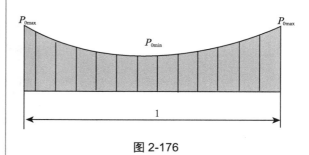

图 2-176

• 整个接触区上

合成接触区宽度和接触区长度上的印刷压力，整个接触区上的印刷压力的分布呈现马鞍型，滚筒两端接触区宽度中点的压力最大，滚筒长度中间的印刷压力最小。

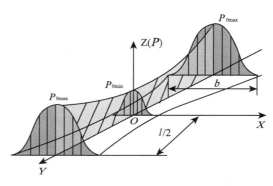

图 2-177

（3）印刷压力的调节

• 调节方法

➤ 改变滚筒中心距

滚筒尺寸不变，改变中心距 A。

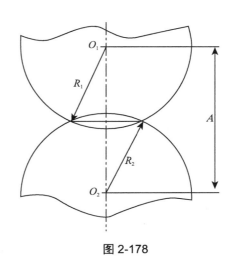

图 2-178

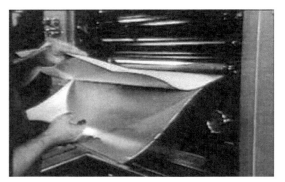

图 2-179

• 改变滚筒包衬

滚筒中心距不变，通过改变滚筒包衬改变滚筒尺寸。

• 调压机构

➢ 蜗轮蜗杆调节

转动轴 1、蜗杆 2 带动蜗轮 3 转动，齿轮 6 传动扇形齿轮 4，扇形齿轮与偏心轴承 5 固定，偏心轴承转动，调节了滚筒之间的中心距。

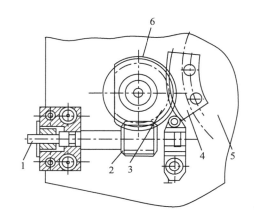

图 2-180

• 偏心滚子调节

4、6 为偏心安装的滚子。转动蜗杆 7，通过蜗轮转动改变滚子 6 的位置，推动曲线套 5，可调节橡皮滚筒 O_b 与印版滚筒 O_p 肩铁之间的接触压力。通过手柄 2，转动蜗杆 1 蜗轮 3，调节滚子 4 的位置，推动曲线套改变橡皮滚筒 O_b 与压印滚筒 O_i 之间的压力。调节螺母 9，改变弹簧 10 的长度，可调节浮动滚子 8 与曲线套的压力。

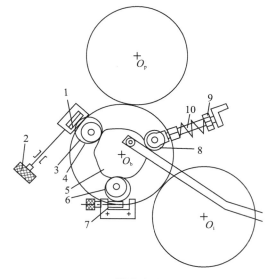

图 2-181

6. 印刷滚筒套准调节

（1）调节装置作用

通过套准调节装置，改变不同机组印刷图文在纸张上的位置偏差。

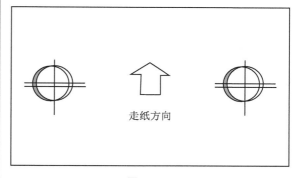

图 2-182

图 2-183

（2）轴向套准调节

• 轴向套印不准

后一色印刷图文与第一色印刷图文存在横向位置偏差。

印版在滚筒上轴向位置调节

图 2-184

• 印版位置手动轴向调节

借助版夹两端调节螺钉，可以实现印版在印版滚筒表面的轴向移动。

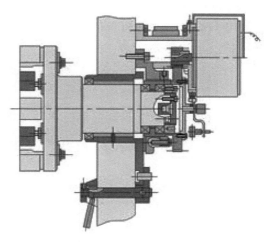

• 印版滚筒遥控轴向调节

调节电机驱动齿轮转动，带动内螺纹套转动，拉动带螺纹轴头横向移动，使印版滚筒横向位置变化。

图 2-185

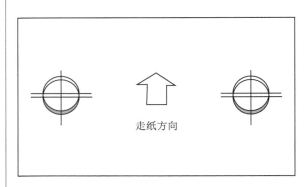

图 2-186

（3）周向套准调节

• 周向套印不准

后一色印刷图文与第一色印刷图文存在纵向位置偏差。

印版在滚筒上轴向位置调节

图 2-187

• 印版位置手动周向调节

借助上下版夹上的调节螺钉，可以实现印版在印版滚筒表面的纵向移动。

• 印版滚筒遥控周向位置调节

调节电机驱动小齿轮转动，小齿轮与内螺纹齿轮啮合转动，拉动带螺纹轴头横向移动，使印版滚筒主传动斜齿轮轴向位移。由于斜齿轮的螺旋角，主传动斜齿轮轴向移动的同时产生周向转动，并通过拨轴，带动印刷滚筒轴向位置变化。

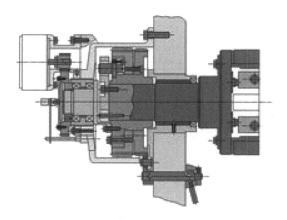

图 2-188

第六节 单张纸胶印机输水装置

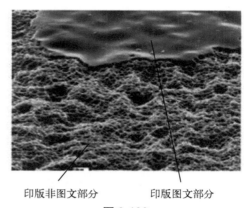

印版非图文部分　　印版图文部分

图 2-189

1. 输水装置作用

（1）印版特点

胶印印版的图文部分和非图文部分几乎在一个平面上。

（2）润湿作用

输水即给印版非图文部分上水，也称润湿。平版印刷利用水油不相容原理，非图文部分上水后会排斥油墨。

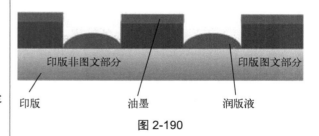

印版非图文部分　　　　印版图文部分

印版　　　　油墨　　　润版液

图 2-190

（3）润湿方式

为了满足胶印印刷要求，必须使印版非图文部分获得致密的水膜，才能保证墨辊给印版上墨时润版液排斥油墨。

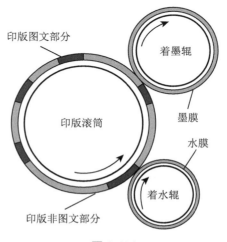

印版图文部分

着墨辊

印版滚筒

墨膜

水膜

着水辊

印版非图文部分

图 2-191

（4）输水装置

输水装置也称润湿装置。作用是连续不断提供给印版非图文部分均匀的水膜。

图 2-192

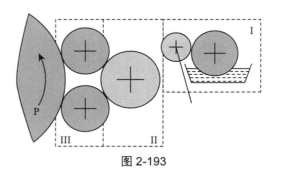

图 2-193

2. 输水装置组成

胶印机常规输水装置是由供水部分Ⅰ、匀水部分Ⅱ和着水部分Ⅲ组成。

（1）供水

将水斗中的润版液传出，并控制出水量。由水斗1、水斗辊2、传水辊3组成。

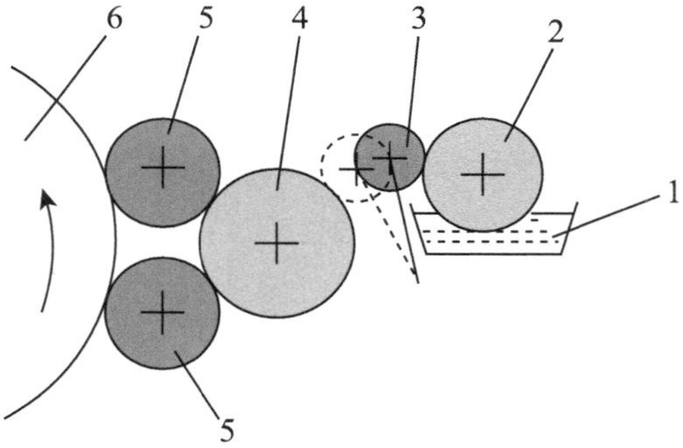

（2）匀水

将传出的润版液拉薄变匀。由串水辊4组成。

（3）着水

向印版滚筒6上印版的非图文部分提供均匀的润版液。由着水辊5组成。

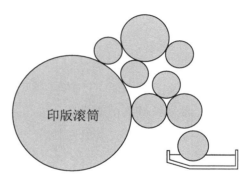

图 2-194

3. 输水装置类型

（1）按照与输墨装置关系

• 独立式润湿

独立向印版滚筒传水。适合细小图案、金银印刷。

图 2-195

• 乳化式润湿

印刷时不仅给印版上水，同时还给输墨系统上水，加快油墨乳化。适合平网印刷。

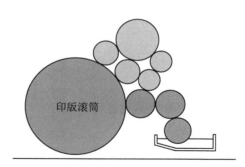

图 2-196

• 半乳化式润湿

印刷时，给印版上水的同时通过过桥辊给着墨辊上水。适合普通印刷。

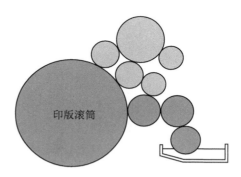

图 2-197

（2）按照润版液传递方式

润湿线路上润版液从水斗到印版水辊之间传递润版液的方式。

• 接触式润湿

输水装置中，润版液从水斗传递到印版的过程中各水辊彼此接触。

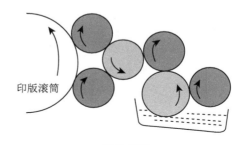

图 2-198

• 非接触式润湿

输水装置中，润版液从水斗传递到水辊或印版是借助空气传递的。

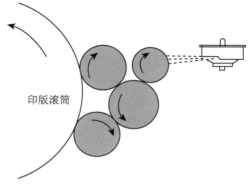

图 2-199

（3）按照给水是否连续

• 间歇润湿

供水装置向匀水装置提供的水量是间歇的，不连续的。不适合高速印刷机。

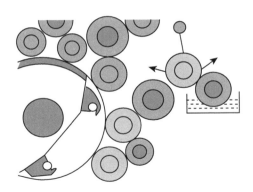

图 2-200

• 连续润湿

供水装置向匀水装置提供的水量是连续的。广泛应用在各种高速印刷机上。

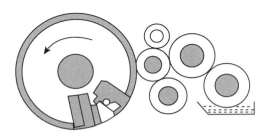

图 2-201

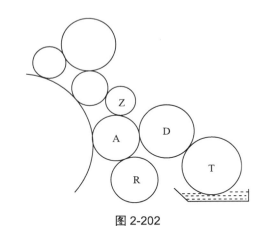

图 2-202

表 2-1

辊子名称	图中编号	辊子类型	备注
中间辊	Z	软辊	过桥辊
着水辊	A	软辊	靠版水辊
传水辊	D	软辊	计量辊
串水辊	E	硬辊	
水斗辊	T	硬辊	

4. 输水装置

（1）水辊名称与类型

以海德堡 CD102 为例。

表 2-2

辊子名称	工作方式
水斗辊	连续或单向间歇转动
传水辊	间歇摆动或连续转动
中间辊	连续转动
串水辊	圆周转动+轴向移动
着水辊	连续转动

（2）水辊工作方式

表 2-3

辊子名称	使用材料
水斗辊	橡胶、陶瓷、金属辊表面镀铬
传水辊	塑料、橡胶
中间辊	塑料
串水辊	塑料、金属辊表面镀铬
着水辊	橡胶

（3）水辊材料

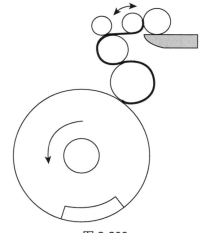

图 2-203

（4）传水路线

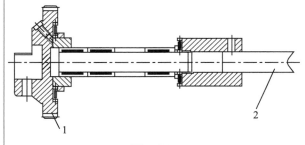

图 2-204

5. 输水装置工作原理

（1）水斗辊

水斗辊 2 的转动是由独立电机通过齿轮 1 带动的。

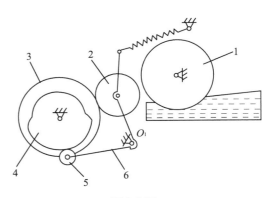

图 2-205

（2）传水辊

由串水辊 3 轴端凸轮 4，经滚子 5 摆杆 6 带动传水辊 2 在水斗辊 1 和串水辊之间摆动。

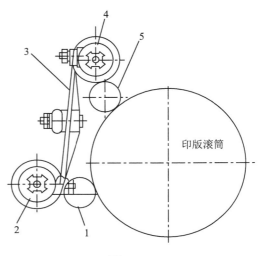

图 2-206

（3）串水辊

串水辊 2 的轴向运动动力来源于下串墨辊 4，利用杠杆原理通过摆杆 3 使串水辊轴向移动。1 为着水辊，5 为着墨辊。

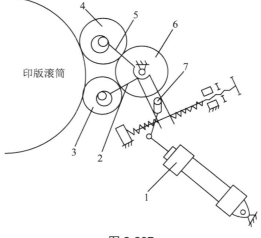

（4）着水辊起落

汽缸 1 带动拨块 7 转动，推动摆杆 2 和 5 绕串水辊 6 轴转动，使着水辊 3 和 4 与印版滚筒离压或合压。

图 2-207

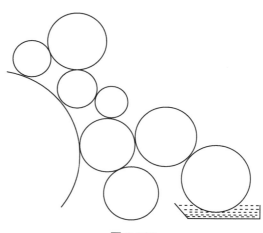

图 2-208

6. 典型输水装置

（1）海德堡 CD102 印刷机润湿系统

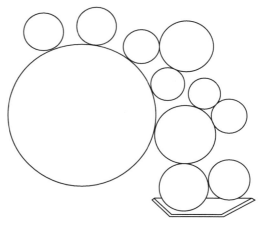

图 2-209

（2）罗兰 700 印刷机润湿系统

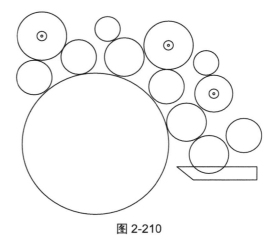

（3）秋山 40 印刷机润湿系统

图 2-210

图 2-211

（4）北人 PZ4880 印刷机润湿系统

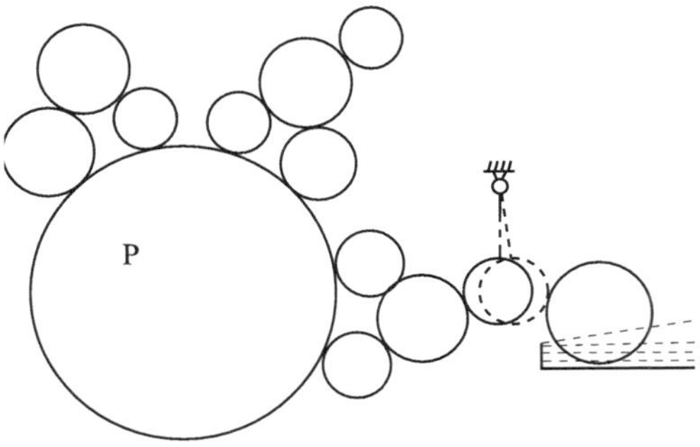

图 2-212

（5）米勒 TP94 印刷机润湿系统

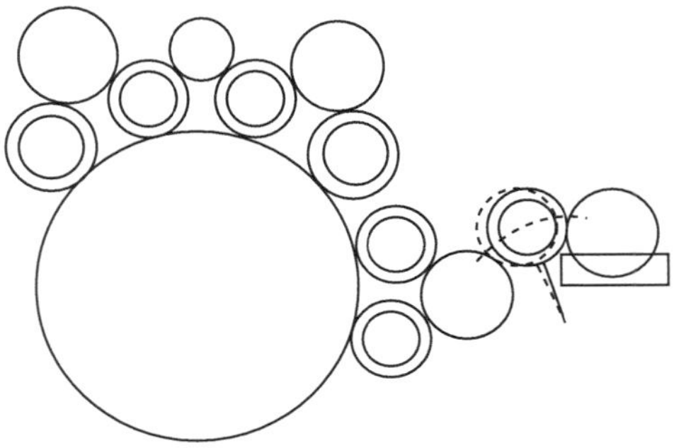

图 2-213

（6）高宝 72K 印刷机润湿系统

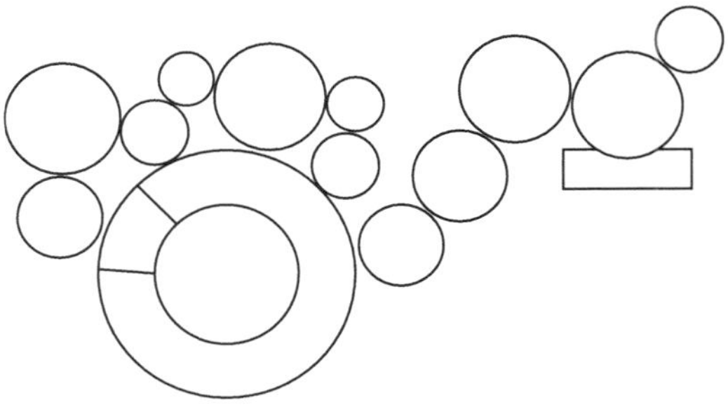

图 2-214

（7）小森 S440 印刷机润湿系统

第七节　单张纸胶印机输墨装置

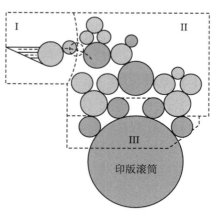

图 2-215

1.输墨装置组成

平版胶印设备的输墨装置通常由供墨部分Ⅰ、匀墨部分Ⅱ和着墨部分Ⅲ组成。

（1）供墨部分

供墨部分由墨斗、墨斗辊和传墨辊组成。作用是完成印刷油墨的定时、定量传递，并能根据印品需要调整下墨量的大小。

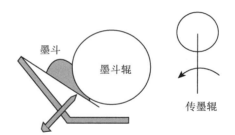

图 2-216

（2）匀墨部分

匀墨部分由串墨辊1、匀墨辊2及重辊3组成。作用是将供墨装置传递的不均匀油墨打匀，并将均匀的油墨传递给着墨装置。

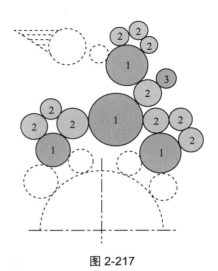

图 2-217

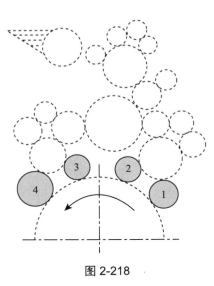

图 2-218

（3）着墨部分

着墨部分由数量不等的着墨辊（1~4）组成。作用是将匀墨部分传递的油墨进一步打匀，并根据需要传递给印版均匀的油墨。

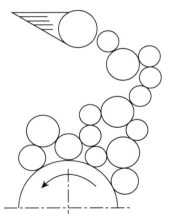

图 2-219

2. 不同类型输墨装置

（1）罗兰 R700 印刷机

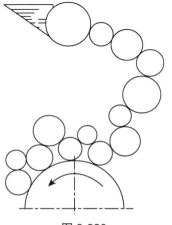

图 2-220

（2）高宝 KBA105 印刷机

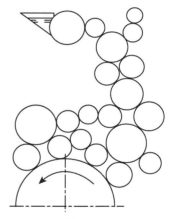

图 2-221

（3）海德堡 CD102 印刷机

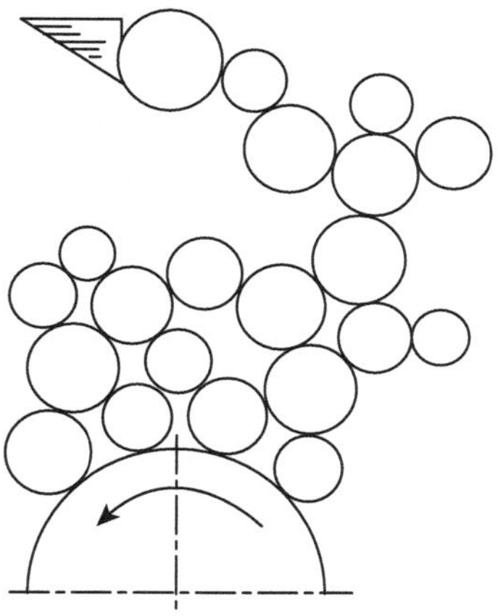

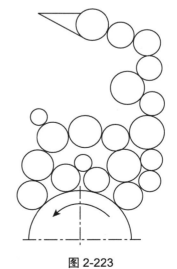

图 2-222

（4）三菱 D3000 印刷机

图 2-223

（5）小森 LS40 印刷机

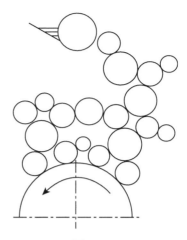

（6）上海光华 PZ4740 印刷机

图 2-224

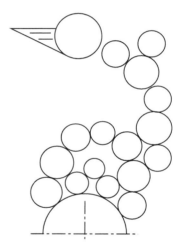

（7）北人 N300 印刷机

图 2-225

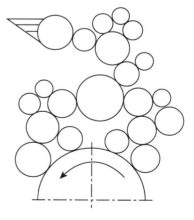

（8）国产 J2205 印刷机

图 2-226

图 2-227

3. 输墨装置给墨路线

墨斗油墨→墨斗辊→传墨辊→串墨辊→匀墨辊→……→串墨辊→着墨辊→印版

（1）Heidelberg CD102 给墨路线

油墨从墨斗传递到印版，最短供墨路线要经过 7 根墨辊（除墨斗辊），即墨斗辊 1 →传墨辊 2 →串墨辊 3 →辊 4 →辊 5 →辊 7 →辊 8 →着墨辊 19 →印版，供墨路线长度约为 1096.08mm；其最长供墨路线要经过 9 根墨辊，即墨斗辊 1 →传墨辊 2 →串墨辊 3 →辊 4 →辊 5 →辊 7 →辊 16 →辊 12 →辊 10 →着墨辊 20 →印版，供墨路线长度约为 1462.14mm。

（2）Komori L40 给墨路线

油墨从墨斗传递到印版的最短供墨路线要经过 9 根墨辊（除墨斗辊），即墨斗辊 1 →传墨辊 2 →辊 3 →辊 5 →辊 6 →辊 7 →辊 10 →辊 12 →辊 13 →着墨辊 21 →印版，供墨路线约为 1560.01mm；其最长供墨路线要经过 11 根墨辊，即墨斗辊 1 →传墨辊 2 →辊 3 →辊 5 →辊 6 →辊 7 →辊 10 →辊 12 →辊 14 →辊 15 →辊 16 →着墨辊 22 →印版，供墨路线约为 2021.79mm。

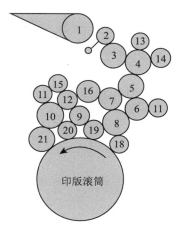

图 2-228

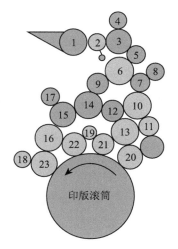

图 2-229

（3）Mitsubishi 3F 给墨路线

油墨从墨斗传递到印版，其最短供墨路线要经过 7 根墨辊，即墨斗辊 1 → 传墨辊 2 → 辊 3 → 辊 6 → 辊 7 → 辊 9 → 辊 10 → 着墨辊 16 → 印版，供墨路线长度约为 1281.63mm；其最长供墨路线要经过 9 根墨辊，即墨斗辊 1 → 传墨辊 2 → 辊 3 → 辊 6 → 辊 7 → 辊 9 → 辊 11 → 辊 12 → 辊 13 → 着墨辊 17 → 印版，供墨路线长度约为 1584.58mm。

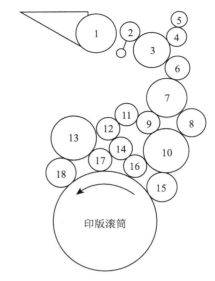

图 2-230

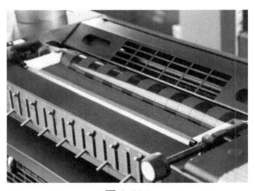

图 2-231

4. 输墨装置原理与作用

（1）供墨部分

• 外形

• 墨斗

胶印油墨较为黏稠，墨斗刀片 1 与墨斗辊 2 之间形成 V 形储墨区。墨斗的作用是储墨，油墨通过人工加墨或自动加墨的方法放进墨斗中。

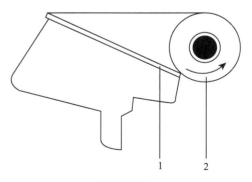

图 2-232

• 墨斗刀片

通过调整墨斗螺丝 1 使墨斗刀片 2 与墨斗辊 3 之间的间隙 δ 改变，以达到控制墨斗辊传递油墨的多少的目的。

墨斗刀片可以是整体的，也可以是沿宽度方向分段的。

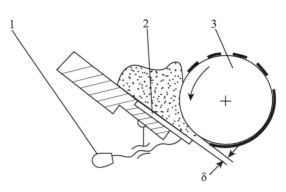

图 2-233

• 整体墨斗刀片

整体墨斗刀片 2 安装在刀架 3 上，由墨斗螺丝 4 整体调节与墨斗辊 1 的间隙。

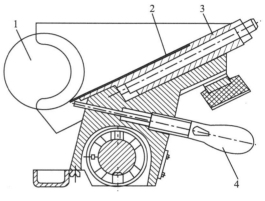

图 2-234

• 分段墨斗刀片

按照印刷品宽度方向将墨斗进行分区。每一墨区由一个墨斗刀片控制。

图 2-235

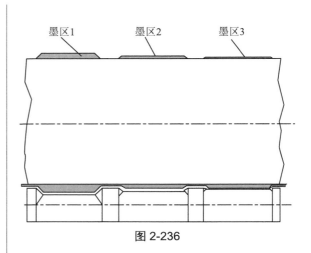

墨区1　　墨区2　　墨区3

图 2-236

• 分区墨量

• 分区墨量调节机构原理

➢ 海德堡印刷机

伺服电机 6 得到电信号转动一定角度，螺旋副 3 的螺杆转动带动螺母直线运动，连杆摆动带动偏心计量辊 2 转动，改变与墨斗辊 1 之间的间隙。计量辊两端的圆柱面在弹簧 4 的作用下始终与板条 5 靠紧。涤纶片 7 起防止计量辊之间缝隙漏墨的作用。

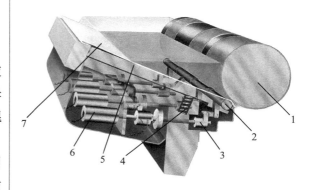

图 2-237

➢ 罗兰印刷机

通过驱动安装在墨斗体4上的伺服电机 3 及螺旋机构 2，驱动墨斗刀片 1 直动，改变与墨斗辊 5 之间的间隙。

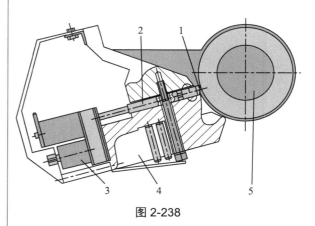

图 2-238

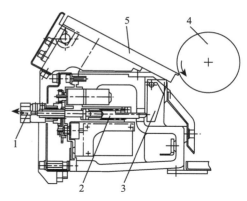

图 2-239

▷ 三菱印刷机

通过伺服电机 1 螺旋机构 2 带动摆杆 3，推动刀片 5 摆动，改变与墨斗辊 4 之间的间隙。

图 2-240

• 分区墨量调节

▷ 手动调节

手动调节墨斗刀片与墨斗辊之间的间隙。

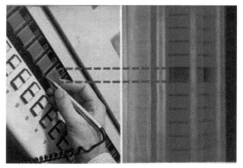

图 2-241

▷ 遥控调节

通过控制台发出调节信息，控制伺服电机及相关机构，改变墨斗刀片与墨斗辊之间的间隙。

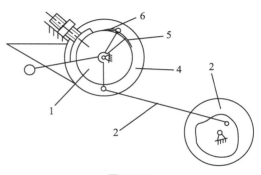

• 整体墨量调节

▷ 墨斗辊转角调节

通过调节月形板 5 的位置，改变棘爪 5 推动棘轮 1 单向转动的角度。

图 2-242

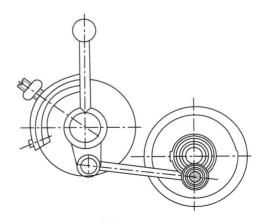

➤ 手动快速转动调节

通过快速转动手柄，手动推动使墨斗辊单向转动的棘爪，获得墨斗辊的快速转动。

图 2-243

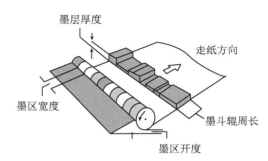

图 2-244

• 墨斗传出油墨

根据印刷品墨量需求，改变墨斗辊各墨区输出油墨量，形成墨斗辊上墨层厚度的变化。

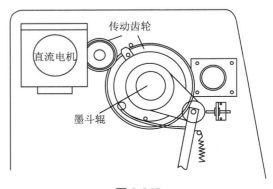

图 2-245

• 墨斗辊的转动

➤ 直流电机直接驱动

直流电机通过传动齿轮直接传动墨斗辊连续转动。

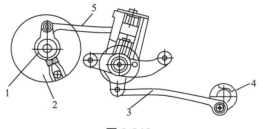

图 2-246

➤ 串墨辊＋单向离合器驱动

串墨辊轴 4 连续转动，通过连杆机构 3、5，推动单向离合器 1，驱动墨斗辊 2 单向间歇转动。

• 传墨辊的运动

➤ 传墨辊的摆动

通过串墨辊轴端安装的凸轮 2 驱动滚子 3 和摆杆 4，带动传墨辊 1 在墨斗辊和串墨辊之间摆动传墨。停止传墨是通过电磁铁 5 拉动摆杆 6，阻挡传墨辊向墨斗辊摆回。

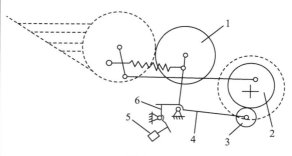

图 2-247

➤ 分割式传墨

利用分段式传墨辊 2 的转动，将墨斗辊 1 上的油墨传递到串墨辊 3 上，通过分割辊偏心量的调节，改变各墨区墨量。

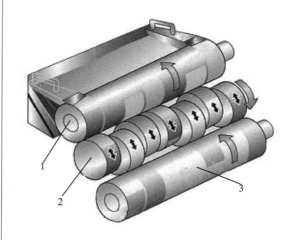

图 2-248

（2）匀墨部分

• 匀墨部分外形

图 2-249

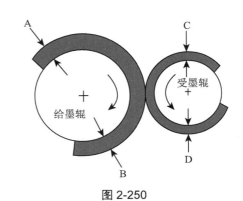

图 2-250

• 匀墨原理

➢ 周向分割油墨

匀墨部分给墨辊与受墨辊在接触旋转中不断进行油墨的周向均匀，并向印版方向输送油墨。A、C 分别为给、受墨辊接触前的墨层厚度，B、D 分别为给、受墨辊接触后的墨层厚度。

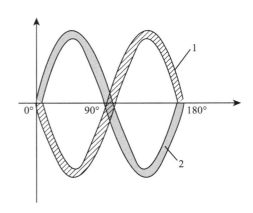

串墨前墨辊油墨　　　　串墨后墨辊油墨

图 2-251

➢ 轴向打匀油墨

利用串墨辊的轴向运动，在与匀墨辊相互接触中轴向拉薄打匀油墨。

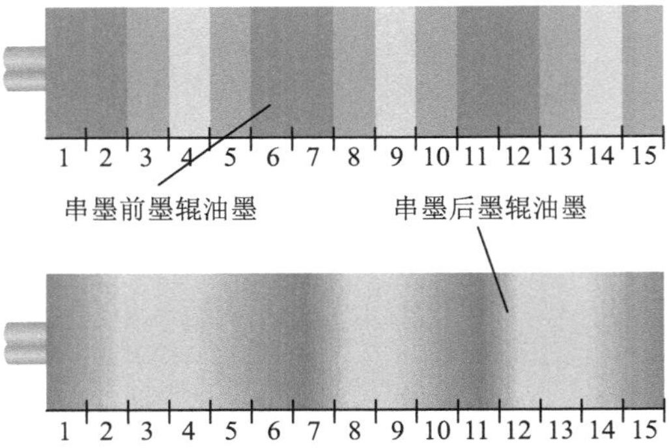

图 2-252

• 串墨方式

➢ 反向串墨

主串墨辊 1 与其他串墨辊 2 轴向移动相位相差 180°，串动反向点重合，易产生较大冲击振动。

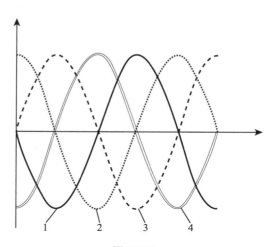

图 2-253

> 相位串墨

1~4 串墨辊的串动运动相位各相差 90°，或采用 1、2、3 和 4 相差 120° 的相位差。

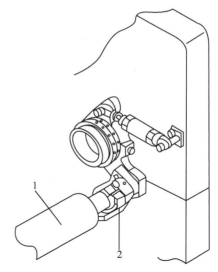

图 2-254

> 匀墨辊运动

匀墨辊 1 通过轴承安装在轴承座 2 中，在串墨辊带动下圆周转动。

• 串墨辊运动

> 串墨辊串动

串墨辊的运动包含圆周转动和轴向移动。

图 2-255

图 2-256

▷ 圆周转动

主串墨辊 4、上串墨辊 5 及下串墨辊 1 和 3 的圆周转动动力均来源于印版滚筒 2。

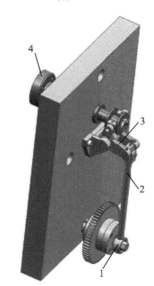

图 2-257

▷ 曲柄摇杆主串墨

由偏心机构 1 通过连杆 2 和摇杆 3，拉动主串墨辊 4 轴向移动。

▷ 蜗轮—蜗杆主串墨

蜗轮 1 端面有 T 形槽，槽内装有 T 形块 3，螺母 5 锁紧 T 形块。通过调节螺钉 2 改变 T 形块 3 在槽内的位置，改变曲柄 4 的中心与蜗轮之间的偏心距。当曲柄 4 绕蜗轮轴心转动时，经连杆 6 拉动主串墨辊 7 做轴向运动。

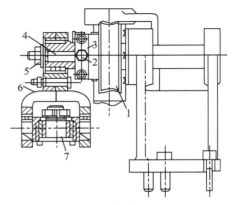

图 2-258

➢ 串墨辊自窜动

自窜动串墨辊是一种非主动动力串墨辊。下串墨辊1、3分别与着墨辊A、B、C、D接触，在着墨辊B、C之间通常没有串墨辊。为了保证串墨的效果，在B、C之间安装可在转动动力驱动下产生轴向移动的自窜动串墨辊2。O_P 为印版滚筒。

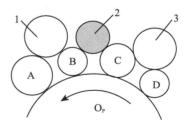

图 2-259

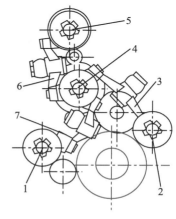

图 2-260

➢ 其他串墨辊轴向移动

利用主串墨辊4的轴向移动动力，借助摆杆3、6、7推动串墨辊1、2、5的轴向移动。

图 2-261

（3）着墨部分

• 着墨部分外形

• 着墨结构与原理

➢ 着墨辊压力

串墨辊和印版滚筒均为主动动力装置，着墨辊1同时与下串墨辊2和印版滚筒接触，为被动传动辊子。着墨辊与串墨辊及印版滚筒之间的压力决定了油墨传递量及印版上墨的均匀性。

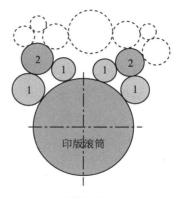

图 2-262

99

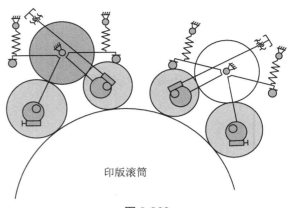

图 2-263

> 着墨辊压力调节原理

着墨辊与下串墨辊之间压力是利用偏心机构改变中心距原理实现，着墨辊与印版滚筒之间压力是通过摆杆机构直接改变着墨辊位置实现的。

> 着墨辊压力调节装置

由于着墨辊座与齿轮偏心安装，当转动蜗杆 5、6 时，带动带有齿轮的着墨辊座 4、7 转动，改变着墨辊与串墨辊之间压力。

转动手柄 1、10 时，手柄前端的蜗杆带动安装在凸轮轴 A、B 上的蜗轮转动，当凸轮 3、8 大面与摆架 2、9 接触时，推动摆架带动着墨辊 M、N 绕固定轴做微量转动，实现着墨辊与印版滚筒之间压力的变化。

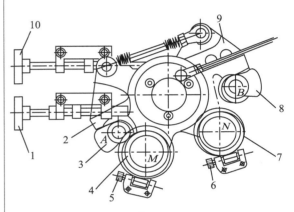

图 2-264

> 着墨辊起落方式

着墨辊起落是指着墨辊 A、B、C、D 与印版滚筒 O_p 的离合压。按照着墨辊离合压驱动方式分为手动独立起落和与印版滚筒间离合压联动起落两种方式。无论手动驱动还是联动驱动都是通过转动凸轮 1，通过滚子 2 带动起落架 3 绕固定中心转动，推动着墨辊与印版滚筒离合。

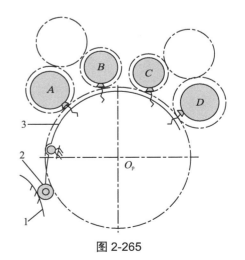

图 2-265

➤ 着墨辊起落原理

着墨辊 1 和 8 的起落可以通过手柄 6 转动凸轮 2，推动滚子 5 带动着墨辊支架 7 绕固定轴转动，实现着墨辊手动抬升或下落。也可以与印刷滚筒的离合压联动，离合压机构与连杆 4 连接，推动摇杆 3 转动凸轮 2，同样通过滚子 6 推动着墨辊支架 7 转动，实现着墨辊与印版滚筒的离合。

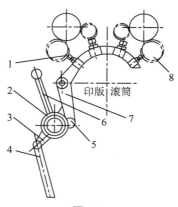

图 2-266

➤ 着墨辊起落架

着墨辊安装在着墨辊架上。着墨辊离合时，着墨辊架 2 摆动时会通过着墨辊架上安装的螺钉 1 抬起 / 下落着墨辊。螺钉高低可调，并通过螺母 3 锁紧。

图 2-267

5. 输墨装置墨辊

（1）墨辊类型

输墨系统墨辊依据软硬相间传墨的原则，因此，可以将墨辊分为软性墨辊和硬性墨辊。

表 2-4

墨辊类型	墨辊名称
软辊	传墨辊、匀墨辊、着墨辊
硬辊	墨斗辊、串墨辊、重辊

（2）墨辊材料

墨辊是用于传递油墨的，因此，墨辊的表面材料需要具备良好的亲油、传墨、抗酸碱、抗老化等性能。

表 2-5

墨辊名称	表面材料
墨斗辊	钢、陶瓷涂布
串墨辊	聚酰胺、尼龙、铜
传墨辊 / 匀墨辊 / 着墨辊	丁晴橡胶
重辊	聚酰胺、硬质铜

（3）墨辊结构

• 墨斗辊结构

墨斗辊是具有主动动力的辊子，轴向尺寸较大，通常为一体式结构。

墨斗辊

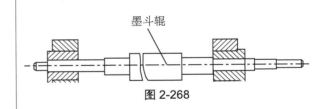

图 2-268

• 软性墨辊结构

匀墨辊、传墨辊和着墨辊均为软质胶辊，无主动转动动力辊子。这种类型的墨辊轴向尺寸较小，表面覆盖塑料或橡胶材料 1。为使表面材料能长期工作不脱落，需要在钢制辊芯 2 的表面加工正、反旋向的螺纹。墨辊两端装有轴承 3，安装在可以开闭的轴承座中（匀墨辊、传墨辊），或安装在专用支承架上（着墨辊）。

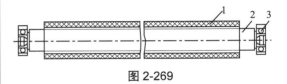

图 2-269

• 主动动力串墨辊结构

大部分印刷机上的串墨辊均为具有主动动力的辊子，其转动动力来源于印版滚筒，这种串墨辊轴向尺寸大，安装精度要求高。按照结构分为整体式和三段式两大类。

• 整体式串墨辊两端轴头和辊身为一体式结构（类似墨斗辊），加工较简单，安装精度容易保证，但装拆不方便。

• 三段式串墨辊两端轴头 1、3 和辊体 2 独立加工，在机器装配时成为一个整体。这种方式安装方便、省力，但需要保证装配后的同轴度。

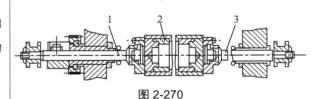

图 2-270

• 自窜动串墨辊结构

自窜动串墨辊是一种非主动动力串墨辊。内套筒5上开有螺旋槽6，槽内装有滚珠4。串墨辊与印版滚筒接触得到转动动力，串墨辊外套筒2的旋转带动内套筒5也随之转动，滚珠4迫使墨辊的外套筒2按正旋曲线做往复运动，完成了串墨辊的轴向运动。1为串墨辊的芯轴，3为支撑轴承。

（4）墨辊直径（示例）

➤ 海德堡CD102印刷机

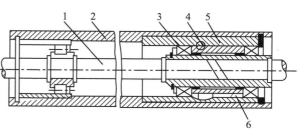

图 2-271

序号	墨辊名称	墨辊直径（mm）
1	墨斗辊	96
2	传墨辊	60
3	串墨辊	85
4	匀墨辊	80
5	重辊	56
6	重辊	68
7	重辊	56
8	匀墨辊	66
9	匀墨辊	80
10	匀墨辊	68
11	匀墨辊	72
12	匀墨辊	60
13	匀墨辊	56
14	着墨辊	60
15	着墨辊	72
16	着墨辊	66
17	着墨辊	80

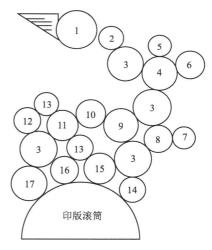

图 2-272

➤ 罗兰R700印刷机

序号	墨辊名称	墨辊直径（mm）
1	墨斗辊	110
2	传墨辊	71
3	串墨辊	103.5
4	匀墨辊	72
5	匀墨辊	70
6	匀墨辊	75
7	匀墨辊	90
8	匀墨辊	60
9	着墨辊	71
10	着墨辊	73
11	着墨辊	69
12	着墨辊	78

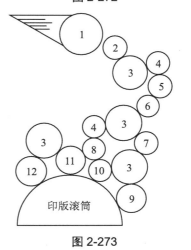

图 2-273

➤ 小森 LS40 印刷机

序号	墨辊名称	墨辊直径（mm）
1	墨斗辊	120
2	传墨辊	64
3	匀墨辊	80
4	匀墨辊	78
5	串墨辊	99.5
6	串墨辊	99.5
7	匀墨辊	90
8	匀墨辊	95
9	匀墨辊	88
10	匀墨辊	72
11	重　辊	72
12	匀墨辊	55
13	着墨辊	88
14	着墨辊	78
15	着墨辊	85
16	着墨辊	90

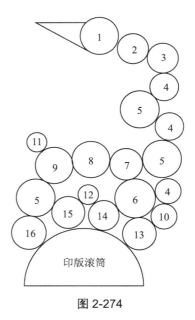

图 2-274

➤ 三菱 D3000 印刷机

序号	墨辊名称	墨辊直径（mm）
1	墨斗辊	110
2	传墨辊	63
3	串墨辊	99.44
4	匀墨辊	61
5	重　辊	50
6	匀墨辊	78
7	匀墨辊	93
8	匀墨辊	72
9	匀墨辊	60
10	匀墨辊	71
11	串墨辊	126.31
12	匀墨辊	64
13	着墨辊	80
14	着墨辊	71
15	着墨辊	75
16	着墨辊	84

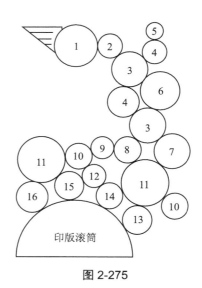

图 2-275

➢ 高宝 KBA105 印刷机

序号	墨辊名称	墨辊直径（mm）
1	墨斗辊	140
2	传墨辊	70
3	匀墨辊	93
4	匀墨辊	85
5	重　辊	115
6	匀墨辊	70
7	重　辊	57
8	匀墨辊	60
9	着墨辊	73
10	着墨辊	70
11	着墨辊	80
12	着墨辊	75

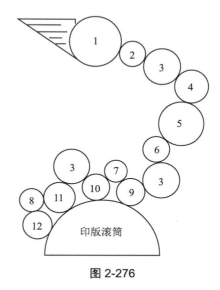

图 2-276

➢ 北人 PZ4890 印刷机

序号	墨辊名称	墨辊直径（mm）
1	墨斗辊	80
2	传墨辊	60
3	串墨辊	79.36
4	重　辊	50
5	匀墨辊	57.5
6	匀墨辊	62.5
7	重　辊	60
8	串墨辊	104.87
9	匀墨辊	50
10	着墨辊	80
11	着墨辊	65
12	着墨辊	60
13	着墨辊	70

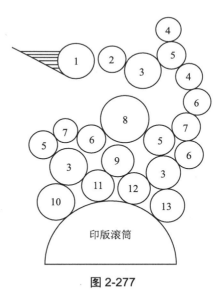

图 2-277

第八节 单张纸胶印机收纸装置

图 2-278

1. 收纸装置作用

将完成印刷后的印张传送到收纸台上整齐地堆叠成垛，并确保印张在传送过程及堆码中不脏污、不破损，连续收纸。

2. 收纸装置组成

单张纸胶印机收纸装置通常由传送装置 3、减速装置 1、稳纸装置 2、防污装置 4、平整装置 5、齐纸装置 7 和收纸台 6 组成。

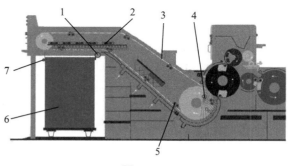

图 2-279

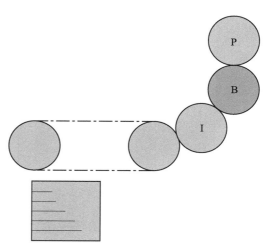

3.收纸方式

（1）低台收纸

低台收纸的收纸台一般设置在压印滚筒下方，低于压印滚筒高度，收纸台高度一般不超过 600mm，主要应用在四开及以下小幅面胶印机上。

图 2-280

（2）高台收纸

高台收纸的收纸台通常是并列于印刷装置单独成为一个单元，收纸输送链排沿较长的曲线导轨输送纸张，收纸堆高一般在 900mm 以上，应用在对开及以上幅面的胶印机。

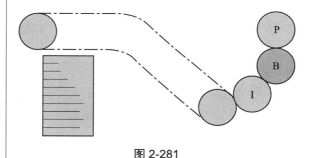

图 2-281

4.收纸装置结构原理

（1）收纸传送

传送方式——不同传送装置

• 链条传送

是通过收纸链条安装的收纸牙排叼牙将压印滚筒或后传纸滚筒上的印张剥离，并传递到收纸台上。

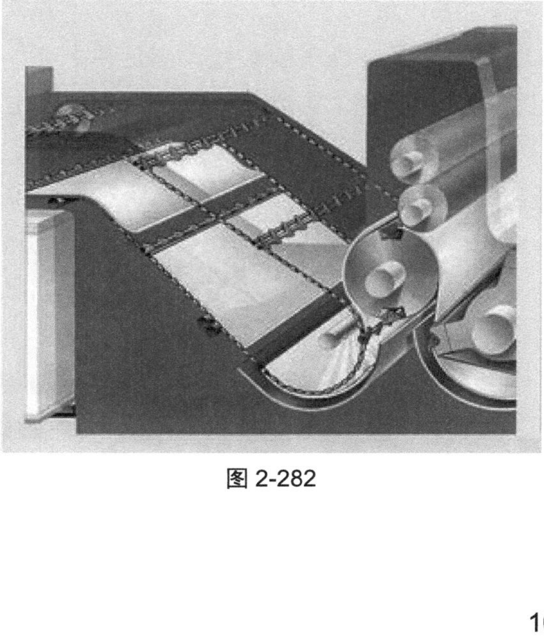

图 2-282

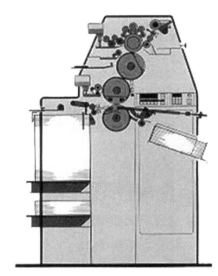

图 2-283

• 铲纸舌铲纸

是通过铲纸舌将压印滚筒或后传纸滚筒上的印张剥离，并落放到收纸筐中。

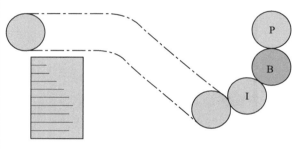

图 2-284

传送方式——不同传送距离

• 普通收纸

无须增加特殊干燥装置，满足印张正常干燥所采用的收纸方式。

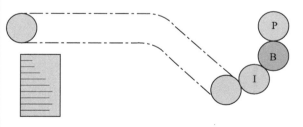

图 2-285

• 加长收纸

需要增加特殊干燥装置，满足使用特殊油墨（如 UV 油墨）或其他材料（如上光油）的印刷品表面能够干燥所采用的收纸方式。

• 收纸链条

➢ 类型

一般使用制造精度高的套筒滚子链条，链条重量轻，圆弧过渡大，有良好的精度、耐磨性和较低的噪声。

图 2-286

> 链条松紧调节

收纸链条的松紧影响收纸牙排传送纸张的稳定性和工作噪声的大小，链条收纸松紧度以收纸台上方直线部分的收纸链条可人力提起约 20mm 为宜。两根收纸链条要求松紧一致。调节时，松开固定螺母 1，转动调节手柄 4，安装收纸链轮 3 的轴 2 左右移动，使链条松紧得到调节。

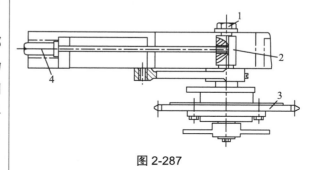

图 2-287

图 2-288

• 收纸导轨

> 导轨作用

安装了收纸牙排的收纸链条需要在收纸导轨中运行，以保证牙排的运行轨迹符合要求。导轨的结构对提高机器的运动精度，减小振动和噪声起着重要的作用。

> 导轨结构

收纸导轨的结构主要分为开放式导轨和封闭式导轨。目前高速印刷机多采用封闭式导轨。

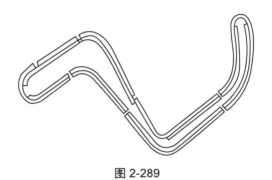

图 2-289

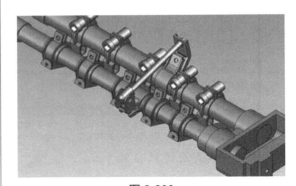

图 2-290

• 收纸牙排

➤ 牙排作用

收纸牙排装在收纸链条上，直接用来接纸和带纸运行。

➤ 工作原理

收纸牙排装在收纸链条 1、5 之间，收纸链条上的两根轴 2 和 6 相互平行，活动叼牙 3 安装在牙轴 2 上，牙垫 7 固定在牙轴 6 上。滚子 8、摆杆 4 在叼牙开闭牙凸轮作用下做往复摆动，带动叼牙的开闭。

图 2-291

➤ 叼牙结构

叼牙轴 2 在凸轮、滚子的驱动下转动，带动固定其上的叼牙 5 转动，实现叼牙的开闭。牙垫 4 固定在转轴 3 上。通过螺钉 1 可以借助弹簧 6 改变叼纸牙的叼力。

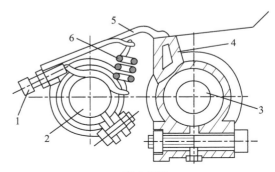

图 2-292

➤ 叼牙开闭

开牙滚子 2 在开牙板 1 作用下绕牙轴 3 顺时针转动，带动叼牙 4 顺时针转动打开，放开印张 5。通过手动或电动可以调节开牙板 1 位置，改变叼牙开牙时间。

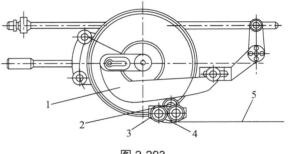

图 2-293

图 2-294

（2）印张减速

•减速作用

随着单张纸胶印机的印刷速度越来越高，收纸链排传递印张的速度也越高，印张传递速度过快造成传送平稳性差，堆垛不整齐。需要在印张收取和落放时对其进行减速。

•减速方式

➢ 机械传动减速

为了满足纸张正确交接的要求，收纸链排与压印滚筒叼牙交接纸张时速度相等。由于收纸滚筒齿轮与链轮节圆半径相差一个牙垫高度，链轮节圆速度（V_1）小于压印滚筒表面速度（V_i）。因此，收纸牙排传递纸张速度低于压印滚筒表面速度，机械传动起到降速作用。

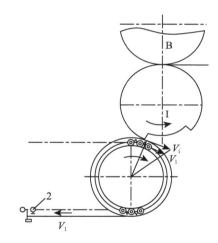

图 2-295

➢ 气动吸气辊减速

吸气辊 3 在传动系统驱动下，以比收纸链条 1 低 40% ～ 50% 的线速度转动，并与印张 2 同向转动。当叼纸牙带着印张到达放纸位置时，叼纸牙放纸，印张的尾部被吸气制动辊内吸嘴 4 产生的吸力瞬时吸住，产生一个向后的拖力，使印张的速度比收纸链条速度降低将近 50%，起到印张减速作用。

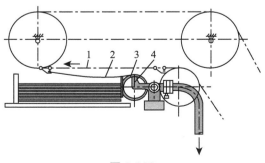

图 2-296

111

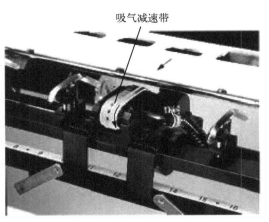

图 2-297

> 气动吸气带减速

皮带转速低于链条带纸移动速度，皮带下有吸气嘴，皮带依靠负压吸住纸张，使印张减速收纸。

图 2-298

（3）稳纸装置

• 稳纸作用

印刷速度较高时，需要增加稳纸装置，辅助印张平稳落到收纸台上。

• 稳纸方式

> 气垫导纸稳纸

保持纸张在输送过程中的平稳。一般利用安装在倾斜收纸链下方带有气孔的导纸护板，护板下面装有气室，气流沿护板板面方向以一定速度喷射，在输送纸张下方形成气垫。减小纸张输送过程中产生的颤抖，使印张在输送过程中保持平稳。

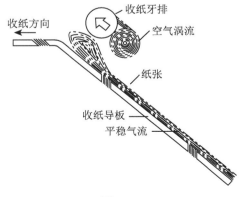

图 2-299

图 2-300

➢ 风扇稳纸

通过收纸台上方安装的风扇，保证当纸张在收纸台上方放纸后，利用风扇的压风作用，将纸张平稳下压。

➢ 吹风杆稳纸

在收纸台上方平于印张运行方向上装有 5 根吹风杆 1，每根吹风杆上有六个吹风嘴 2，当吹气杆吹风时，印张 3 被吹成波浪形，轻柔地落到收纸台上。

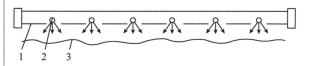

图 2-301

（4）防污装置

• 防污的作用

印张在离开最后一个印刷机组后被传送到收纸台的过程要经过较长的收纸路线，且印刷品表面的印迹在收纸滚筒和收纸链条传递过程中不可能完全干燥，因此，如何避免印张与机架刮蹭，防止印迹被拖花，并采取有效措施加快油墨的干燥，是收纸防污的主要工作。

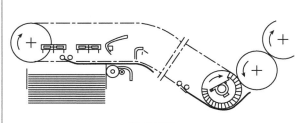

图 2-302

113

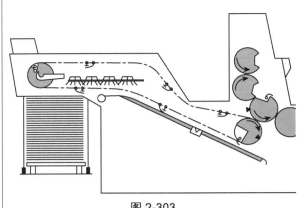

图 2-303

• 收纸滚筒上的防污

➤ 收纸滚筒防污

收纸牙排剥离压印滚筒上的印张后，直接由收纸滚筒支撑印刷品表面，未干燥油墨易被滚筒拖花。

➤ 收纸滚筒防污方法——骨架式结构

也称轮毂式收纸滚筒。收纸滚筒轴上安装几个起支撑印张表面作用的轮毂，每个轮毂表面装有按键结构的撑牙，可根据支撑轮毂表面与印张的接触情况，决定撑牙的弹起和按下，以保证支撑轮毂避开印张上不易干燥，覆盖较厚油墨的图文区域，防止印迹蹭脏。

图 2-304

根据印刷品上油墨的分布和厚薄，轮毂的轴向位置可以调节。

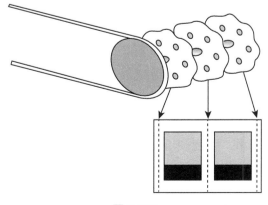

图 2-305

➢收纸滚筒防污方法——行星轮式结构

在收纸滚筒轴上安装的两支撑板之间，装有若干导杆轴，导杆轴上安装的防蹭脏轮，表面起支撑印张的作用，可以轴向移动避开油墨的浓重区，防止发生蹭脏。

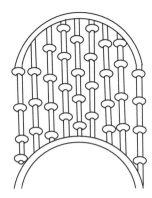

图 2-306

➢收纸滚筒防污方法——表面带有防蹭脏材料

收纸滚筒表面包有疏墨材料，如玻璃球衬垫、超级蓝布（Super Blue）等，起防蹭脏作用。

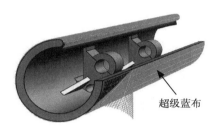

超级蓝布

图 2-307

➢收纸滚筒防污方法——吹气气垫

筒体外包裹着一层可以透气的外套，空气从滚筒轴向外吹送，通过透气罩形成气垫，支撑着由收纸牙排传送的刚印刷完的印张，从而避免滚筒表面接触蹭脏印张。

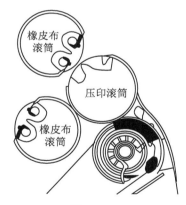

橡皮布滚筒

压印滚筒

橡皮布滚筒

图 2-308

➢收纸滚筒防污方法——吸气导板

气垫收纸采用吸气导板，将印刷品吸向导板。

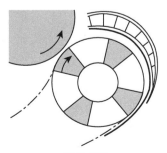

图 2-309

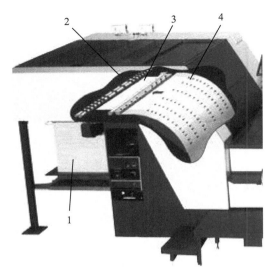

图 2-310

- 收纸线路上的防污
➢ 气垫托纸板

收纸牙排 2 带纸传送过程中，在收纸链条的下方安装有空气室，通过气垫托板 4 上气孔喷出的气流，使传送的印张 3 在气垫的托持下平稳的向前运动，并落放到收纸台 1 上。

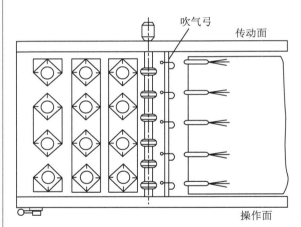

图 2-311

➢ 吹气弓

为了防止纸张在传输过程中纸尾失去控制，在收纸路线上安装吹气弓，向印张与托架之间吹风，利用空气层托起印张，防止收纸过程中纸尾与机架相碰，造成印张的损坏和蹭脏。

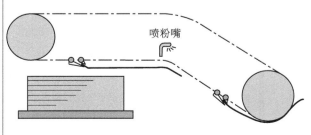

图 2-312

➢ 喷粉装置

在收纸路线上，利用喷粉管上的喷嘴，在高速气流的作用下，向印刷品的印刷表面喷撒出细粒的粉末。

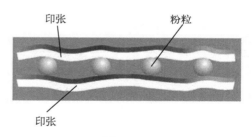

图 2-313

喷粉的作用是利用粉末的隔绝作用，防止印张之间的粘连，保证印张间存留空气，使印刷品上油墨持续干燥。

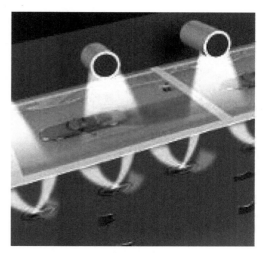

图 2-314

➤ 双面喷粉装置

收纸过程中喷粉装置同时向印张上方及下方喷粉，并通过纸张幅面信息决定喷粉范围。既可获得印张两面均匀喷粉，又能够节省粉用量。

图 2-315

➤ 除粉装置

为了解决喷粉带来的生产和环保等问题，在收纸部增加吸粉装置，吸附悬浮在空气中的粉粒。

（5）收纸平整

• 纸张平整

印刷过程是在有一定曲率半径的印刷滚筒上完成的，完成印刷的纸张会由于压力、受墨、剥离等多种原因产生一定的弯曲或不平整。

图 2-316

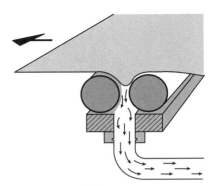

图 2-317

• 平整器作用

也称为印张消卷器，或印张平整器，用于纠正印张的不平整，使收纸顺利和整齐。

• 平整器

印张平整器通常安装在收纸滚筒1 下方，当印张将要由收纸链条叼牙排 2 带着进入直线运动时，利用强吸风把印张拉向一个由两圆辊 3 形成的开口，使印张在运动过程中被重新拉直理平。

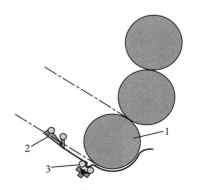

图 2-318

（6）收纸理纸

• 基本组成

也称理纸装置。是将落放在收纸台上的纸张整齐堆垛的齐整装置。包括侧齐纸装置 1、前齐纸装置 3 和后齐纸装置 2。

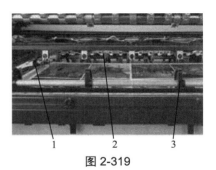

图 2-319

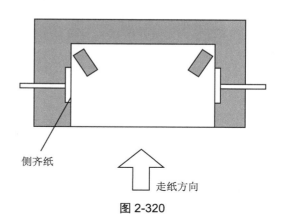

图 2-320

• 侧齐纸

➢ 侧齐纸作用

侧齐纸是对印张左右齐整的装置。当印张飘落到收纸台上时，两侧的侧齐纸挡板左右移动，将印张左右拍齐。

➢ 侧齐纸装置

链轮 1 转动带动凸轮 2 转动并推动滚子 3，滚子带动摆杆 4 及凸块 5 前后摆动，使滚子 6 带着侧齐纸板 7 左右移动。

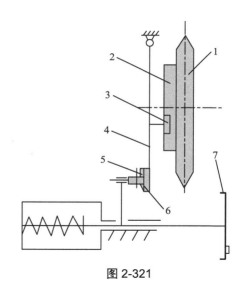

图 2-321

• 前后齐纸

➢ 前后齐纸作用

前后齐纸是对纸张前后齐整的装置。当印张飘落到收纸台上时，前齐纸挡板前后摆动，将印张推送到固定的后齐纸装置上。

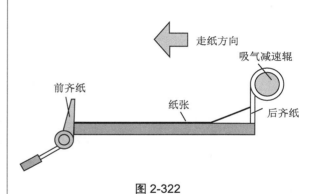

图 2-322

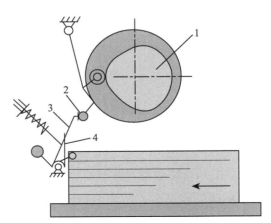

图 2-323

➤ 前齐纸装置

凸轮 1 转动通过滚子带动推滚 2 摆动，推滚推动与前齐纸板固联的摆杆 3，带动前齐纸挡板 4 前后摆动。

图 2-324

➤ 后齐纸装置

后齐纸装置安装在纸张的后缘，一般与吸气减速辊连接在一起，工作时位置固定。

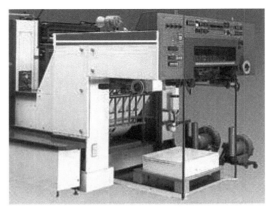

（7）收纸台

• 收纸台作用

收纸台是盛放印刷品，保证印刷连续进行的装置。

图 2-325

图 2-326

- 收纸台的形式

➤ 可升降式收纸台

能够随时对纸台上纸张的堆垛高度进行检测，并适时下降以保持纸堆顶面的高度，满足印张的稳定收取。

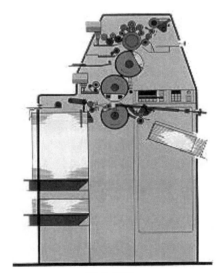

➤ 固定式收纸台

也称为斜槽式收纸台。斜槽式收纸台为固定的收纸盒，纸台高度固定，利用纸盒的倾斜满足收取过程中的齐纸要求。

图 2-327

- 收纸台升降方式

➤ 基本原理

操作面侧齐纸板 1 上装有微动开关 2，当印张堆积到一定高度时触动微动开关，接通电路，电机转动，纸台下降一定距离。

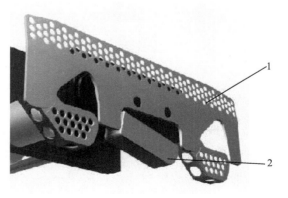

图 2-328

➤ 快速升降

按住按钮使电机转动，通过传动齿轮、蜗轮蜗杆、链轮链条带动纸台快速升降。

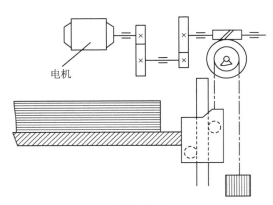

图 2-329

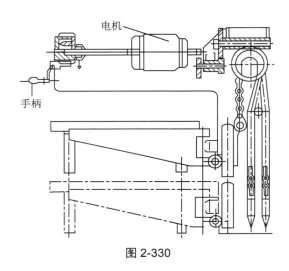

➤ 手动升降

人工将手柄插入纸台升降电机尾端，转动传动轴，通过与快速升降相同的传动路线实现收纸台手动升降。

图 2-330

• 副收纸

➤ 副收纸板作用

暂时接替主收纸台作用，实现不停机增加晾纸架及不停机收纸。

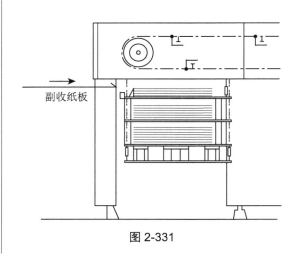

图 2-331

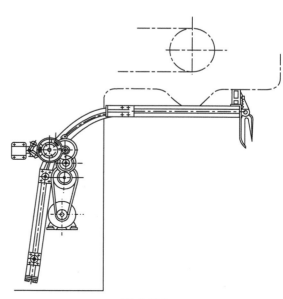

图 2-332

➢ 电机驱动的副收纸板

电机经皮带传动、齿轮传动、链轮传动系统，使安装副收纸板的两根链条在导轨中快速移动。

图 2-333

➢ 手动使用的副收纸板

当需要增加晾纸架或转移主收纸台上的印张时，利用人工手动插板。

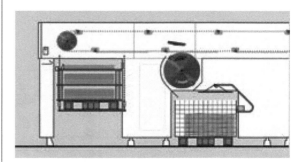

图 2-334

• 双收纸台

辅助收纸台是在开机试印或印刷机调试时作为收纸台使用，或在主收纸台增加晾纸架、卸纸等工作时，为避免收纸故障而使用的。

第三章　单张纸胶印设备技术发展

第一节　设计变化

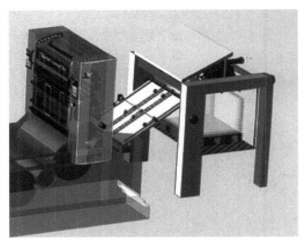

图 3-1

1. 无轴传动给纸机

飞达轴转动、输纸皮带运动、给纸台升降传动均采用独立电机驱动。

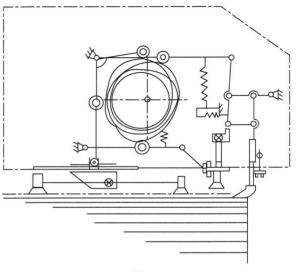

2. 高速飞达

采用共轭凸轮驱动递纸吸嘴运动，既保证了高速下分纸吸嘴与递纸吸嘴的交接纸张时的共同持纸时间，又确保了机构运动的准确性和稳定性。

图 3-2

图 3-3

3. 负压输纸

穿孔输纸皮带下的输纸板台带有与气腔相连的气孔，通过气泵抽气，使气腔形成负压，利用输纸皮带对纸张的吸力输送纸张。

图 3-4

4. 吸嘴数量增多

分纸吸嘴和递纸吸嘴从"两提两送"变成"四提四送"或采用更多数量的吸嘴，保证了高速下的纸张准确分离和平稳输送，使给纸机适合更大变化范围的纸张。

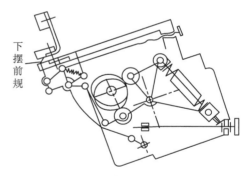

图 3-5

5. 下摆组合前规

采用共轭凸轮驱动的下摆组合前规，有利于保证定位时间，满足高速下前规定位的稳定性。

图 3-6

6. 新型滚轮式侧拉规

在滚轮式侧拉规拉纸的同时进行双张检测，同时增加吸气装置防止纸张离开输纸板台前位置发生变化。

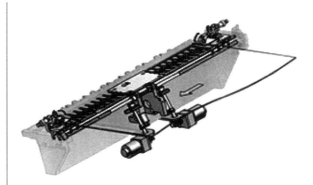

7. 侧规伺服调节

利用遥控台自动设定功能，在纸张幅面变化时，通过伺服电机调整侧规的定位位置。

图 3-7

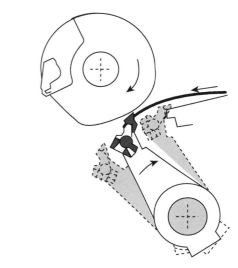

8. 下摆定心摆动递纸牙

异形传纸滚筒（非圆滚筒）配合下摆定心摆动递纸牙，有利于递纸牙尽早摆回取纸，提高了递纸牙的稳定性，不必增大滚筒的空挡。

图 3-8

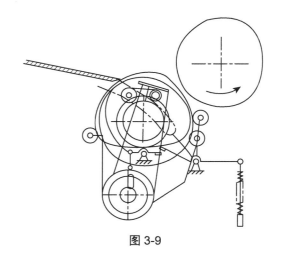

9. 共轭凸轮驱动下摆递纸牙

利用一对共轭凸轮，通过滚子直接驱动递纸牙轴，递纸牙摆臂做下摆往复运动，实现纸张的平稳传递。

图 3-9

10. 印刷滚筒"七点钟"排列

三个印刷滚筒排列呈"七点钟"形状，保证在压印滚筒与传纸滚筒交接纸张时，橡皮滚筒与压印滚筒已完成印刷，提高印刷过程的平稳性，减少印刷品墨杠。

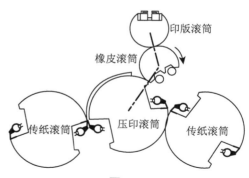

图 3-10

11. 印刷滚筒直径变化

压印滚筒采用倍径滚筒，有利于减少纸张的交接次数，提高套印精度；降低滚筒的转速，提高印刷机的稳定性；减小滚筒的曲率，适合更厚纸张的印刷。

图 3-11

12. 一体结构墙板

改变传统传动面、操作面与底座连接的墙板结构，采用传动面、操作面、底座一体的墙板结构，增加机器的稳定性。

图 3-12

13. 高精度主传动斜齿轮

提高主传动齿轮的运动精度、平稳性精度、接触精度和侧隙精度，利用斜齿轮的轮齿啮合性好，重合度大的优点，提高印刷机的运动精度和平稳性。

图 3-13

图 3-14

14. 组合轴承

利用滚动轴承的运转灵活性、滑动轴承的平稳性，并可以将组合轴承制作成具有偏心特点的多环轴承，用于滚筒的支承、调压和离合压。

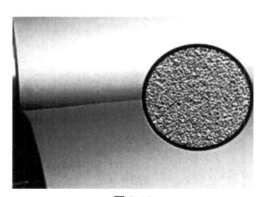

图 3-15

15. 防蹭脏护衬的压印滚筒

为了防止印刷时压印滚筒表面粘脏带来印刷品脏污，利用喷涂特殊防蹭脏护衬材料对印刷滚筒表面进行防蹭脏处理。

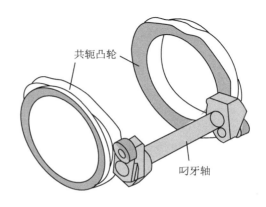

图 3-16

16. 共轭凸轮控制压印滚筒叼牙

采用共轭凸轮驱动压印滚筒叼牙的开闭，确保闭牙时间和叼牙叼力的稳定。

共轭凸轮

叼牙轴

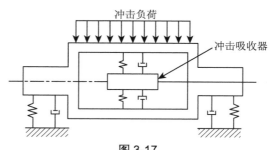

图 3-17

17. 橡皮滚筒减震设计

在橡皮滚筒中增加减震装置，增加了印刷滚筒传递图文油墨的稳定性，减少了印刷机组的传动振动。

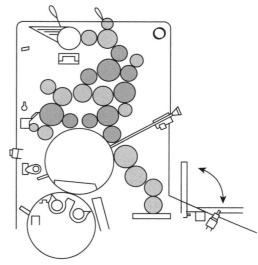

图 3-18

18. 去鬼影着墨辊设计

通过控制系统可在出现鬼影后使着墨辊横向串动，在不停机的情况下消除或减轻鬼影。

图 3-19

19. 输墨系统冷却

在墨斗辊、串墨辊等辊子内部通有循环冷却液，保证输墨系统温度恒定，有利于油墨的传递和转印。

20. 去纸毛纸粉的润湿装置

当印版上的纸毛纸粉影响印刷质量时，启动润湿系统的一套独立传动装置，使着水辊与印版滚筒产生速差，在不停机状态下，清除印版上的纸毛纸粉。

图 3-20

21. 新型收纸牙排架

通过改进收纸牙排的结构，改变收纸牙排在高速移动时空气扰流对印张平稳性的影响，减少了收纸过程中纸张出现的剧烈抖动，使收纸齐整。

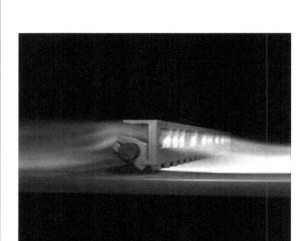

图 3-21

第二节 联机加工

1. 卷筒裁单张

（1）卷筒裁单张的作用

在单张纸印刷机给纸机前增加一个卷筒纸裁单张的加工单元，与印刷机直接连线。在单张纸机给纸部增加裁单张装置具有：可以储存大量纸张，减少换纸和停机次数，提高设备利用率；降低承印物成本；降低单张纸胶印机印刷前的准备时间，纸张损耗少；可任意设定分切长度，降低纸张损耗；操作人员无须堆纸，降低了劳动强度，节省了劳动力；节省了飞达头的调节时间和堆纸时间；排除了单张纸胶印机双张、多张的输纸故障，无须防双张检测装置。

图 3-22

（2）卷筒裁单张装置

卷筒裁单张装置由卷筒纸纸架1、进纸机构2、分切机构3、套叠机构4、减速机构5、输送机构6几个部分组成。使用时由旋转分切装置将卷筒纸裁成单张纸，再通过纸张减速、输送装置的变速和输送，使纸张之间形成单张纸输纸形式中的连续式输纸，直接输送到单张纸胶印机的输送装置中。

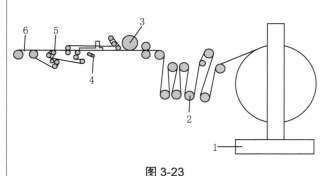

图 3-23

2. 联机上光

（1）上光的作用

增加印品表面的平滑度，使纸呈现出更强的光泽，获得良好的印刷效果，美化产品；增强油墨的耐光性能，增加油墨层防热、防潮的能力，对印刷图文起到保护作用。

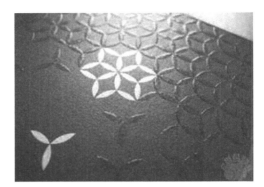

图 3-24

（2）上光机组

将上光机组连接于印刷机组之后。当纸张完成印刷后，直接进入上光机组上光。联机上光速度快，效率高，加工成本低。但对上光技术、上光涂料、干燥源以及上光设备的要求高，设备成本高。

图 3-25

（3）上光装置

• 辊式上光

由辊子2从光油容器1中取光油，与辊子3采用挤压方式或不同运转速度方式控制光油的供给量，交给印版滚筒4。

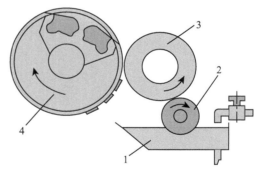

图 3-26

• 腔式上光

由刮刀1、2组成容腔，刮刀既负责给网纹辊3上光油，又负责控制印版滚筒4上的光油供给量。

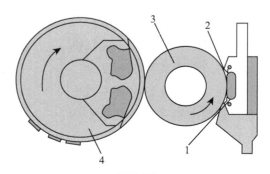

图 3-27

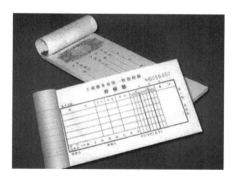

图 3-28

3. 联机打码

（1）打码的作用

满足印刷品连续编号印刷的需求。

（2）打码装置

打码机轴上安装有号码头，通过着墨装置给号码上墨，最终带有油墨的号码与纸张印压，号码上的油墨转印到纸张上。机械式号码头还可利用机械装置在每印完成后进行拨号。

图 3-29

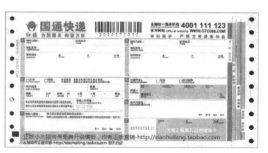

图 3-30

4. 联机打孔

（1）打孔的作用

在印刷品或纸张上打出圆孔，满足印刷品后续打印传动的需要。

（2）打孔装置

打孔装置由装在圆型滚筒上的一对凹销和凸销的打孔盘组成，以压切方式在纸张上冲压出圆孔。

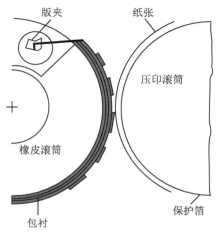

图 3-31

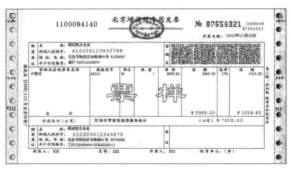

图 3-32

5. 联机打垄

（1）打垄的作用

打垄也称打龙、打拢。在纸张或印刷品上打出便于撕开的成排细孔。

图 3-33

（2）打垄装置

纸张上的垄线包括纵向垄线和横向垄线，将拢线刀（点线刀）安装在滚筒表面或滚筒护套表面上，打垄时拢线刀从纸张下面对着橡皮布方向压切纸张。

图 3-34

6. 联机冷烫印

（1）冷烫印

烫印加工可分普通烫印、冷烫印、凹凸烫印和全息烫印等方式。冷烫印是利用专用胶水（油墨）将冷烫电化铝除基层以外的其他部分黏附在承印物表面，从而实现烫印的效果。冷烫印具有制版成本低、烫印精度高、烫印图文面积大、适用基材广范、易于实现先烫后印、可连线生产、速度更快、效率高等优点。

图 3-35

图 3-36

（2）联机冷烫印

通过在印刷机上增加冷烫印装置，将冷烫印与印刷联合，是一种通过一次走纸完成印刷和烫印两道工序的组合印刷方式。

（3）联机冷烫印装置

联机冷烫印装置主要由印箔开卷装置、上胶装置、压印装置、收卷装置组成，并通过增加跳步或步进功能，最大限度地有效利用冷烫箔。

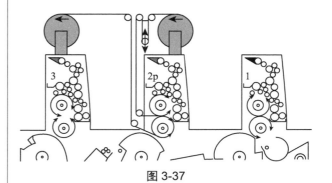

图 3-37

7. 联线干燥

（1）联线干燥

现代高速印刷机上配备各种干燥装置，使油墨或上光涂料在印品上快速固结，防止印品粘脏和粘接，以保证印刷质量。

图 3-38

（2）联线干燥装置

①红外干燥

红外线干燥装置以光波辐射产生热量，可以加速油墨的吸收和氧化结膜（连接料）。联机红外干燥可以通过加热降低油墨油黏度，使渗透干燥加速；提高温度和减少水分，使油墨的氧化加快。为了加速干燥，通常将红外干燥与热风干燥组合。

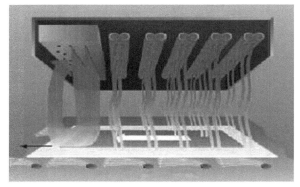

图 3-39

②UV 干燥

使用充满氩气和水银蒸气的充气石英灯做为辐射器，通过椭圆或抛物线反射装置聚集到承印物上，当 UV 油墨或 UV 上光涂料吸收了辐射光波后干燥。由于 UV 干燥的基础是辐射聚合的连接料，因此，UV 干燥装置仅对 UV 材料，如 UV 油墨或 UV 光油等起干燥作用。

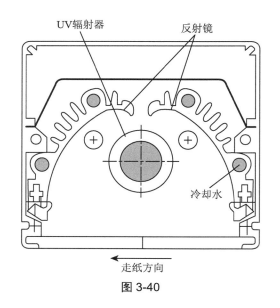

图 3-40

8. 连线印品质量检测

（1）连线检测的作用

连线印品质量检测装置安装在印刷设备上，用于实时检测印刷质量。不同的检测装置检测的印刷品和检测内容有所不同。一般检测内容主要包括套印误差、色偏、重影、飞墨、墨杠、墨斑、水油和溶剂污点、刮痕、折痕、卷角、皱褶、纸张破损和孔洞及其他缺陷。

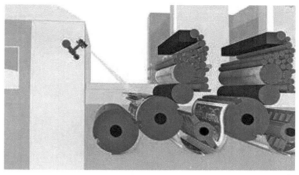

图 3-41

（2）连线检测系统

连线印品质量检测系统是一种基于视觉在线的检测系统，是通过CCD摄像机在线扫描印品图像，然后送至内存通过图像处理软件处理，将其结果与标准数据比较，找出两者之间的差异，并分析其产生误差原因，进而重新设计参数，用于减少废品率，提高印刷质量。

图 3-42

第三节　自动化与智能化

1. 自动换版

利用机械或气动机构，自动上版和卸版，不仅能够实现快速装卸印版，而且获得更精准的套印精度和更规范的操作流程。

图 3-43

2. 自动加墨

海德堡推出的自动化油墨供应系统，也称为"墨线"（Inkline），能够根据印刷数量和墨斗中油墨情况，将墨罐中的油墨均匀地分布到墨斗中，无须操作人员手动添墨。具有能够及时自动续墨，利用超声波传感器监控墨斗和墨盒中墨量，墨盒油墨过少或出错时，能够发出警告并有低墨显示，内置油墨搅拌器搅动油墨，保持油墨的流动性等特点。

图 3-44

3. 橡皮滚筒自动清洗

利用带有清洗液的清洗辊与橡皮滚筒之间的轻微摩擦，不断将橡皮滚筒表面的污物溶解和移除。清洗后，还可将清洗装置进行自身清洁，以备下次使用。清洗过程中产生的已被污染的清洗液经过收集、处理，避免对环境造成危害。

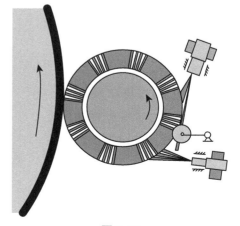

图 3-45

4. 墨路自动清洗

印刷完成后，如果油墨仍滞留在墨辊表面不及时清洗，就会使油墨连接料过多渗入墨辊内部，加速老化，或在墨辊表面干燥结膜，使墨辊的油墨转移性变差，因此，经常需要进行墨辊清洗。当完成印活需要换色时，也需要进行墨辊清洗。墨路自动清洗系统通常由自动喷液装置、洗墨槽、洗墨刮刀等组成。具有洗墨效率高、清洗干净、节省清洗液、环保性好等优点。

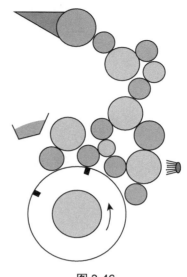

图 3-46

5. 压印滚筒自动清洗

印刷时，压印滚筒与橡皮滚筒接触转移油墨，其拖梢部位会出现不同程度的粘脏。当油墨颗粒硬化结晶，牢牢黏附在滚筒表面后，会影响图文的正确转移。常规压印滚筒自动清洗系统由气动式清洗布卷装置和清洁剂喷嘴两部分组成，利用带有清洁剂的清洗带与压印滚筒之间的速差清洁压印滚筒表面。

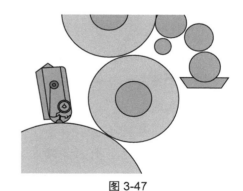

图 3-47

6. 集中供墨

单张纸胶印机集中供墨系统也称为胶印机自动加墨系统。通过伺服马达驱动墨泵，将集中储墨罐中的油墨，通过输墨管道供给各机组墨斗。集中供墨能监测墨斗中的油墨量并实现自动供给油墨，保证墨斗中的油墨量在保证最佳印刷效果的前提下墨量最少，从而实现提高印刷质量、节省油墨、降低劳动强度、减少危险废物的目的。

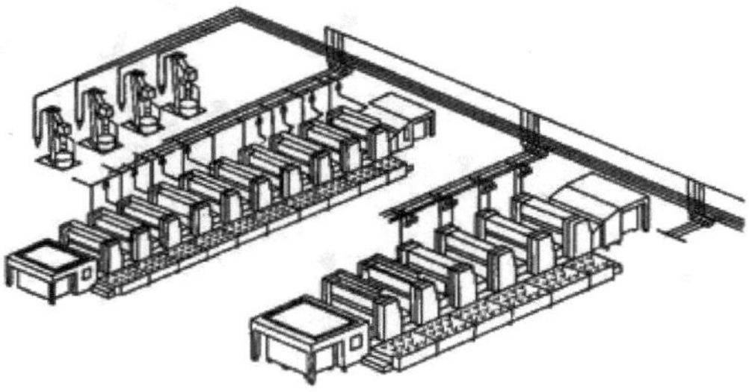

图 3-48

第四章　单张纸胶印设备生产应用

第一节　安装调试

图 4-1

1. 安装前准备

（1）地基准备

胶印机地基状况满足胶印机的正常运转、运转平稳性及使用寿命需求。

（2）地基基础

确保设备地基基础不下沉、不变形。可通过在砸实泥土上面浇铸 400～500mm 深的混凝土；松软土质在混凝土层下加砸 200～300mm 的三合灰土层；地基较薄时，在混凝土中铺设钢筋结扎网。安装在楼层上，楼板承载力不应小于 $3t/m^2$。

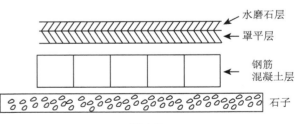

水磨石层
罩平层
钢筋
混凝土层
石子

图 4-2

（3）预埋电源线管

根据电线走线要求，在混凝土地基上预埋套电线的塑料管或铁管，进线口和出线口高出地面约 100mm，方便在印刷机就位之前或之后铺设电线。

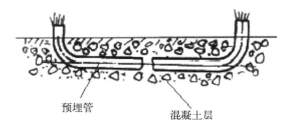

预埋管

混凝土层

图 4-3

（4）预埋地脚螺栓

在设备安装的相应的位置上，预埋地脚螺栓，便于印刷设备的快速、稳定的固定。但需要机器定位非常准确。

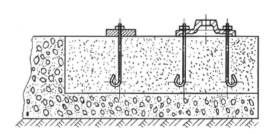

图 4-4

2. 印刷设备安装

（1）设备吊装

由专业吊装公司，采用专业吊装设备、专业吊装人员，将印刷设备从运输车上吊运到印刷设备安装地点。

图 4-5

（2）设备安装

通过印刷机拆箱、印刷机移入、印刷机就位、印刷机水平校正、印刷机连接和其他部分的安装，完成印刷设备的安装。

图 4-6

3. 印刷设备调试

（1）运转前的检查

主要包括擦净印刷机、检查连接件与紧固件、检查润滑系统、印刷机精校准、盘车、检查机械和电气之间的协调关系、正式开机前的机械检查。

图 4-7

图 4-8

（2）印刷机试运转

主要包括点动、局部试运转、较低速运转、增速运动。

图 4-9

（3）试印刷

主要包括根据印刷机走纸情况进行的调整、根据印刷质量情况进行的调整。

4. 印刷设备检测

（1）检测的作用

对印刷机进行检测是验收的前提与基础，是检验印刷机性能的重要手段，也是评价印刷机的重要方法和验收的主要内容。

图 4-10

（2）套印精度检测

套印精度检测包括整版套印测试、套规测试、变速套印测试和高速套印测试。

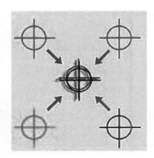

图 4-11

图 4-12

（3）墨色均匀性检测

墨色均匀性检测主要包括满版实地印刷和满版平网印刷。

图 4-13

5. 印刷设备验收

（1）设备空运转

设备空车运转，检查设备各个部分的安装连接情况。主要根据胶印机是否有异常声响、胶印机的振动程度。

（2）50% 平网印刷测试

检查胶印机网点还原均匀性。根据平网印张上是否出现条痕（黑条痕、白条痕），网点是否光洁、结实、清晰，网点的增大值、同页密度差是否符合国家标准。

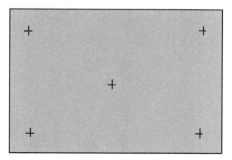

图 4-14

（3）实地版印刷测试

检测胶印机印刷压力、辊压等是否达到一定的标准。根据检查样张上各色油墨（各个机组）是否出现杠子（包括冲击杠、墨杠、水杠等）。

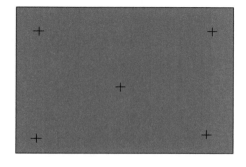

图 4-15

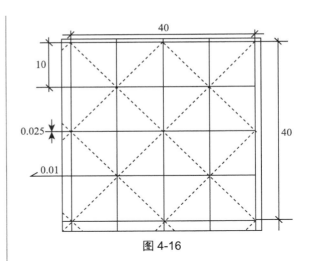

图 4-16

（4）米字格套印

检查胶印机套准精度及对纸张扇形扩张情况。根据在不同的速度印刷时套印精度是否变化，检查薄纸印刷时的散尾情况。

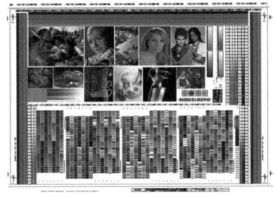

图 4-17

（5）印刷标准测试版

对印刷机进行综合评价。根据测试版上进行客观测量的信号条和用于主观评价图片的印刷质量情况。

第二节　维护保养

印刷设备维护保养是指在印刷机使用过程中对印刷机械的养护。

1. 日常保养

对印刷设备日常的例行保养。通常包括设备使用人员在班前、班后对机器进行必要部位的清洁擦拭，按润滑要求加油。

图 4-18

图 4-19

2. 一级保养

每周规定时间内的清洁保养。通常包括在规定时间内对机器进行清洁和检查，对日常保养项目进行全面复查。

3. 二级保养

每年一次的清洁保养，也称为阶段整理。通常是设备使用人员和机修人员配合对机器进行比较彻底的清洁检查和调节保养。

图 4-20

第三节 使用工具

1. 搬运工具

（1）吊车

常用于机器安装、移位时对印刷机整机或部件的吊装。

图 4-21

（2）机动叉车

适用于汽车装卸及车间、仓库等地的物品装卸运输，其升降平稳、转动灵活、操作方便，工作安全可靠，可减小劳动强度，提高生产效率。

图 4-22

图 4-23

（3）手动叉车

方向轴转角大，转弯半径小，操作轻便。常用于印刷厂中纸张等印刷材料和零部件的搬运。

2. 测量工具

主要包括在机器的安装、调试及使用、维护时使用的机械测量工具和检测印刷品质量时使用的印刷品检测工具。

（1）机械测量工具

• 千分表

一种精密测量仪器。常用于进行外圆跳动检测、内径跳动检测、中心孔检测、平面检测和平行度检测等。

图 4-24

• 外径千分尺

一种精密量具。主要用于尺寸测量精度要求较高的场合，如测量包衬纸、橡皮布衬垫等厚度，也可测量轴的外径、齿厚等。

图 4-25

· 游标卡尺

一种测量中等精度尺寸的量具。可用于直接测量出工件外尺寸、内尺寸和深度尺寸。

图 4-26

· 塞尺（规）

用于检验结合面之间间隙大小的片状量规。用来检查滚枕间的间隙、着水辊与串水辊及印版滚筒之间的压力、着墨辊与串墨辊及印版滚筒之间的压力。

图 4-27

· 水平仪

用于检测水平面或垂直位置偏差的量具。用于印刷机械安装时机器水平的检测。

图 4-28

（2）印刷品检测工具

· 放大镜

一种用于检测印刷品质量的工具。主要用于检查印版、印刷样张的网点、检查印刷品上的阶调层次、检查印刷品上的规矩线套印情况等。

图 4-29

147

• 分光光度计

是一种色度测量仪器，利用光栅分解颜色样品的反射光，再经传感器接收反射光谱并转换为颜色色度值，测量结果绝对精度高。

图 4-30

（3）拆装工具

• 螺丝刀

印刷设备调节、维护、维修时常用的工具，又称起子或改锥。用于螺钉的紧固和拆卸。

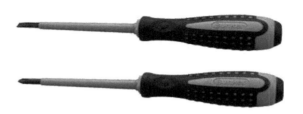

图 4-31

• 双头扳手

印刷设备调节、维护、维修时常用的工具，也称死扳子或开口扳手。用于装拆六角头、方头螺母或螺钉。

图 4-32

• 内六角扳手

印刷设备调节、维护、维修时常用的工具。用于装拆内六角螺钉。

图 4-33

• 活动扳手

印刷设备调节、维护、维修时常用的工具，也称活扳子或通用扳手。扳手开口不是特定的标准尺寸，开口尺寸可以在一定范围内调节。用于拧紧或旋松六角头、方头螺钉及各种螺母。

图 4-34

• 力矩扳手

印刷设备调节、维护、维修时常用的工具，又称为扭矩扳手、扭力扳手、扭矩可调扳手。用于要求紧固扭力一致的螺栓紧固。

图 4-35

• 齿轮拆卸器

印刷设备维修时的专用工具。用于拆卸皮带轮、齿轮、轴承及其他不易卸下的零件。

图 4-36

• 挡圈钳

印刷设备维修时的专用工具，分为孔用弹性挡圈钳和轴用弹性挡圈钳。用于装拆轴或孔上的弹性挡圈。

图 4-37

图 4-38

• 剥线钳

是一种电工工具。用于剥去电线前端的覆盖层。

• 销冲子

是一种常用装拆工具。用于安装和拆卸销钉。

图 4-39

（4）切削工具

• 手电钻

印刷设备维修时常用的加工工具。用于孔的加工，钻孔直径一般在 4~12mm 之间。

图 4-40

• 锉刀

印刷设备维修时常用的加工工具。用于锉去工作表面多余的金属。

图 4-41

图 4-42

• 丝锥

印刷设备维修时常用的加工工具。用于孔壁内加工内螺纹。

图 4-43

• 扳牙

印刷设备维修时常用的加工工具。用手加工外螺纹。

参考文献

[1] 陈虹. 现代印刷机械原理与设计. 北京：中国轻工业出版社，2007.

[2] 陈虹. 印刷设备概论. 北京：中国轻工业出版社，2010.

[3] 陈虹. 印刷设备综合训练. 北京：印刷工业出版社，2011.

[4] 陈虹. 平版印刷工. 北京：印刷工业出版社，2007.

[5] 科印网.

[6] 必胜印刷网.

[7] 百度文库.

[8] 中国知网.